W0268439

Die drahtlose Telegraphie

und ihr Einfluſs auf den Wirtschaftsverkehr unter besonderer Berücksichtigung des Systems „Telefunken".

Mit einem Verzeichnis der Patente und Literaturangaben über drahtlose Telegraphie.

Von

Dr. Eugen Nesper,

Diplom-Ingenieur.

Mit 29 in den Text gedruckten Figuren.

Springer-Verlag Berlin Heidelberg GmbH 1905

Additional material to this book can be downloaded from http://extras.springer.com

ISBN 978-3-662-32437-0   ISBN 978-3-662-33264-1 (eBook)
DOI 10.1007/978-3-662-33264-1

Universitäts-Buchdruckerei von Gustav Schade (Otto Francke) in Berlin N.

Vorwort.

Die vorliegende Broschüre soll ein Bild der technischen und wirtschaftlichen Entwicklung und Anwendung der drahtlosen Telegraphie geben. Es wird hierbei naturgemäß nicht der Hauptwert auf streng wissenschaftliche Darstellung der physikalischen Vorgänge gelegt — denn für derartige Zwecke ist eine Reihe von Spezialwerken vorhanden — sondern es ist vielmehr beabsichtigt, durch eine leicht verständliche Kennzeichnung der elektrischen Vorgänge und durch naheliegende Vergleiche das Interesse für die Technik und Nutzanwendung der drahtlosen Nachrichtenübermittlung an Hand von Beschreibungen ausgeführter Anlagen, Konstruktionstypen etc. zu wecken. Denn es kann keinem Zweifel unterliegen, daß gerade in den für das Anwendungsgebiet der drahtlosen Telegraphie hauptsächlich in Frage kommenden Kreisen, nämlich den Assekuranz- und Schiffahrts-Gesellschaften, noch teils ein gewisses Mißtrauen betreffs der Sicherheit des Betriebes, teils eine Unkenntnis der technischen Einfachheit und damit verbundenen Wohlfeilheit dieses neuen Verkehrsmittels vorhanden ist. Die beiden zuletzt genannten Punkte sollen vor allem durch den Inhalt dieses Buches geklärt werden, indem in technischer Beziehung die beiden Fragen: „Was haben wir bis jetzt erreicht?" und „Wie groß ist die zu erwartende Sicherheit in bezug auf

Reichweite, Störungsfreiheit etc.?" und in wirtschaftlicher Hinsicht die Gesichtspunkte der Rentabilität, der investierten Kapitalien und der Rückwirkung auf den allgemeinen Verkehr erörtert werden.

Ferner ist im nachfolgenden eine Aufstellung der technischen Einzelheiten der verschiedenen Systeme und ihrer finanziellen Verhältnisse mitgeteilt, soweit sie dem Verfasser bekannt waren. Diejenigen Firmen, welche seit Jahren installieren, sind bei der Zusammenstellung an die Spitze gestellt, die anderen, neuen Unternehmungen folgen diesen nach.

Von besonderer Wichtigkeit für die gute Weiterentwicklung der jungen Industrie ist die demnächst stattfindende internationale Konferenz für drahtlose Telegraphie und die dabei vorzunehmende gesetzliche Regelung. Aus diesem Grunde sind im Abschnitt E sowohl die wichtigsten, von den Einzelstaaten bisher erlassenen gesetzlichen Maßnahmen mitgeteilt, um an Hand dieser einheitliche, allgemein gültige Bestimmungen treffen zu können, als auch die Neutralitätsfrage ist berührt, welche wenigstens im großen und ganzen von der Konferenz zu lösen sein wird.

Die im nun folgenden Abschnitt enthaltene Beschreibung über Einführung der drahtlosen Telegraphie, namentlich im deutschen Heere, und die Wiedergabe authentischer Berichte über gutes Funktionieren der Militärstationen dürften noch dazu beitragen, die Sicherheit und Handlichkeit des drahtlosen Nachrichtenverkehrs besonders zu charakterisieren.

Schließlich ist außer einem Verzeichnis aller jetzt vorhandenen bezw. im Bau begriffenen Stationen noch eine Zusammenstellung der deutschen, französischen, amerikanischen, englischen etc. technischen und physikalischen Literatur der elektrischen Schwingungen sowie aller wichtigen Patente auf diesem Gebiete mit Datum und Inhaltsangabe wiedergegeben. Für letztere Zusammenstellung war seit geraumer Zeit ein gewisses Bedürfnis vorhanden, z. B. für die Beurteilung bei Neuanmeldung von Patenten, Inangriffnahme wissenschaftlicher Untersuchungen etc.

Auch an dieser Stelle möchte ich den Firmen, welche mir Material freundlichst zur Verfügung stellten, danken. Ganz besonders bin ich den Direktoren der Gesellschaft für drahtlose Telegraphie m. b. H., Berlin, für ihre zahlreichen Anregungen zu Dank verpflichtet.

Berlin, Oktober 1905.

Dr. Eugen Nesper.

Inhalt.

Verzeichnis der Abbildungen.

A. Technik.

Das vergangene Jahrhundert, welches in seiner ersten Hälfte unter dem entscheidenden Einfluß der kulturellen und wirtschaftlichen Wirkung der Dampfmaschine stand, erhielt sein typisches Bild in den letzten Dezennien durch die Nutzbarmachung und Arbeitsübertragung der elektrischen Energie, und zwar nicht nur der Starkstromtechnik, welche allerdings für Licht- und Kraftzwecke entscheidend wurde, sondern vor allem durch die Fernleitung schwacher elektrischer Ströme für die Zwecke der Telegraphie und Telephonie. Ohne diese beiden letzteren Verkehrseinrichtungen wäre jener beispiellose wirtschaftliche Aufschwung, der die meisten Staaten zu Industriestaaten umwandelte, nicht denkbar gewesen. Aber während die technischen Verhältnisse bei Drahttelegraphie und -telephonie scheinbar einfach und selbst dem Laien fast ohne weiteres verständlich zu sein schienen, hatte die drahtlose Telegraphie, ein Kind der letzten zehn Jahre, etwas Mystisches an sich; dies ist einfach dadurch begründet, daß die direkte metallische Verbindung zwischen dem Gebe- und Empfangsapparat fehlte, und kein menschlicher Sinn befähigt ist, die Wirkung elektrischer Wellen direkt wahrzunehmen. Um aber eine Vorstellung zu geben von der Wirkungsweise und Ausbreitung der elektrischen Wellen, durch welche die drahtlose Nachrichtenübertragung bewirkt wird, wählen wir zum Vergleich eine Erscheinung aus einem von uns sinnlich direkt wahrnehmbaren Gebiete, aus der Akustik.

Es ist eine bekannte Tatsache, daß die Tonhöhe einer Stimmgabel eine Funktion der Eigenschwingung derselben ist, und daß letztere wiederum — wenn wir den Vorgang im großen

und ganzen betrachten — von der Länge und Dicke der Gabel
und von ihrer Elastizität abhängt. Wenn wir nun die Gabel
in Schwingungen versetzen, etwa durch mechanisches An-
schlagen, so schwingt dieselbe mit ihrem Grundton, indem sie
Wellenbewegungen, Schallwellen, in der sie umgebenden Luft
hervorruft. Hierbei ist der Ton der Stimmgabel nur schwach
vernehmbar. Wir können ihn indessen dadurch verstärken,
daß wir die Gabel mit einem System gleicher Wellenlängen
mechanisch koppeln, d. h. indem wir sie auf einem „Resonanzboden" befestigen.

Bei Verwendung einer zweiten Stimmgabel mit Resonanzboden, welche in der Nähe der ersten aufgestellt ist und welche
dieselbe Tonhöhe besitzt, d. h. die auf die erste „abgestimmt" ist,
vernehmen wir deutlich das Mittönen der zweiten, wenn wir die
erste zu Schwingungen angeschlagen haben; wir sagen, daß
das zweite System auf das erste abgestimmt ist und akustisch
mitklingt.

In ganz ähnlicher Weise gehen wir in der drahtlosen
Telegraphie vor. Durch eine Funkenstrecke versetzen wir
einen Luftdraht (Oszillator, Antenne) in elektrische Schwingungen, welche wir durch Koppelungen mit einem aus Kapazität und Selbstinduktion bestehenden System (Resonanzboden
bei der Stimmgabel) verstärken können. Diese so erzeugten
Schwingungen gibt der Luftdraht an den ihn umgebenden,
alles durchdringenden „Lichtäther" ab und erzeugt in einem
auf ihn abgestimmten Schwingungssystem, welches einen Indikator für elektrische Wellen enthält, Schwingungen, deren
Wirkung wir nachweisen können. Die Wechselwirkung
zwischen dem die Schwingungen hervorrufenden System und
dem von diesem die Schwingungen empfangenden System
erfolgt mit Lichtgeschwindigkeit, d. h. mit etwa 300 000 km/sek.
Wir werden weiter unten nochmals auf die vorgenannten Verhältnisse zurückkommen.

Die Sende- und Empfangsstation für drahtlose Telegraphie
teilen wir demnach zweckmäßig in 4 Schwingungskreise ein,
nämlich in:

    1. Stromquelle und Erzeugung der schnellen Schwingungen
       (des wirksamen, rationellen Funkens) von genau defi-
       nierter Größe,

2. Ausstrahlung der erzeugten Schwingungen durch das Luftleitergebilde,

3. Auffangung der elektromagnetischen Wellen mittels eines oder mehrerer Luftleiter,

4. Kenntlichmachung der Schwingungen durch Detektor und Registriervorrichtung.

Bei dieser Einteilung haben wir es also mit vier Kreisen (Apparateaggregaten) zu tun, die wir nun einzeln in großen Zügen besprechen wollen.

Zunächst die Stromquelle. Für kleine Entfernungen, also auch geringe ausgestrahlte Energiemengen, nimmt man Primärelemente (meist sogenannte Trockenelemente) oder Akkumulatoren zur Speisung der Hochspannungsquelle. Für mittlere und große Ausführungen ist eine Stromerzeugung durch einen Motorgenerator erforderlich. Man wendet wegen der hohen Tourenzahl kleiner Gleichstrom- oder Wechselstromgeneratoren als Antriebsmotor zweckmäßig einen solchen an, welcher ohne Zwischenübersetzungen die gewünschte Umdrehungszahl leistet. Automobilexplosionsmotoren haben sich für diesen Zweck gut bewährt; ebensogut kann man auch Dampfturbinen oder die bekannten schnellaufenden Dampfmaschinen als Antriebsmotoren wählen. Maßgebend hierfür sind in erster Linie die jeweiligen Arbeitsbedingungen und örtlichen Verhältnisse, also ob es sich um eine Schiffsstation, ortfeste Anlage etc. handelt[1]).

Die auf irgend eine derartige Weise erzeugte Energie wird nun der Hochspannungsquelle zugeführt, um hier für den wirksamen Funken rationell transformiert zu werden. Wohl sämtliche Systeme der drahtlosen Telegraphie verwenden jetzt Funkeninduktoren zur Erzeugung der schnellen Schwingungen, während man eine Zeitlang den Induktor wegen seines geringen elektrischen Wirkungsgrades durch andere Vorrichtungen zu ersetzen suchte (z. B. Duddel, Phil. Magazine 1905. p. 881, „Dynamo für hohe Frequenzen"). Der Funkeninduktor wird

---

[1]) In vielen Fällen könnte man sich zweckmäßig der Gasturbinen bedienen. So wäre eine derartige Konstruktion des Verfassers („Gasturbine mit gesteuerten Verbrennungskammern", D.R.P. angemeldet) namentlich für Gegenden, in denen die Kühlwasserbeschaffung mit Schwierigkeiten verbunden ist, besonders geeignet.

im allgemeinen aus 2 ineinander gesteckten Drahtspulen ge-
bildet, in deren Innerem sich ein unterteilter Eisen-, Blech- oder
Drahtkern befindet. Die starkdrähtige (primäre) Spule wird
durch einen Unterbrecher mit der Stromquelle verbunden. Bei
Speisung des Induktors mit Wechselstrom kommt der Unterbrecher natürlich in Fortfall. Bei jeder Unterbrechung wird
in der dünndrähtigen (sekundären) Spule ein Induktionsstoß
erzeugt, der wegen der großen Länge des aufgewickelten
Sekundärdrahtes und der Füllung des Induktors mit Eisen bedeutend ist. Seine Wirkung kommt in der Funkenstrecke zum
Ausdruck. Diese besteht im wesentlichen aus zwei oder mehreren
Metallkugeln, zwischen denen ein Funkenübergang stattfindet, wenn die Spannungsdifferenz zwischen beiden Kugeln
genügend groß ist. Parallel zur Funkenstrecke wird eine
Kapazität geschaltet, welche aus einer oder mehreren Leidener
Flaschen besteht, d. h. aus Glasgefäßen, die innen und außen
bis zu einer gewissen Höhe mit Stanniol beklebt sind; die
äußere Stanniolbelegung wird nun mit der einen Kugel der
Funkenstrecke, die innere Belegung mit der andern Kugel
verbunden. Die Leidener Flaschen dienen dazu, die Elektrizi-
tätsmenge aufzuspeichern, um sie dann in größerer Menge ab-
zugeben. Auf diese Weise ist es überhaupt nur möglich,
große Energiemengen, zwar zeitlich seltener, aber dafür um
so kräftiger, für die Erzeugung elektrischer Wellen nutzbar zu
machen. An die Funkenstrecke direkt oder auch indirekt
(Transformatorschaltung, Kopplung) ist einmal das Luftleitergebilde, andererseits die Erde oder ein parallel zur Erdoberfläche ausgespanntes Drahtnetz (von der Erde isoliert) oder
auch eine oder mehrere Kondensatorplatten angeschlossen.

Das Luftleitergebilde ist für die drahtlose Telegraphie eine
Hauptsache. Von der Länge der Luftdrähte, der Art ihrer
Montierung, der Güte der Isolation, namentlich an der Stelle
größter Spannung, hängt bis zu einem gewissen Grade die
Reichweite und Sicherheit der Telegraphie ab. Um möglichst
große Netze ausspannen zu können, müssen unter Umständen —
wenn z. B. keine hohen Schornsteine oder Türme zur Verfügung
stehen — Masten oder Tragkonstruktionen errichtet werden, die
in vielen Fällen kostspieliger werden als die gesamte elektrische
Ausrüstung. Die Verhältnisse liegen hier ganz ähnlich wie

bei Wasserturbinenanlagen, wo man auch in den meisten Fällen das Wasser aus weiter Entfernung in Rohren und Betonbauten herbeileiten muß und auf diese Weise gezwungen ist, Summen aufzuwenden, welche der Turbinenindustrie in keiner Weise zugute kommen.

Das In-Schwingung-Versetzen des Luftleiters und das damit verbundene Ausstrahlen elektrischer Wellen, d. h. die eigentliche drahtlose Telegraphie, kann man sich mechanisch durch einen elastischen Rohrstab vorstellen, der, mit der Hand festgehalten, in Vibrationen versetzt wird. Wenn man den schwingenden Stab an seinem einen Ende festhält oder einspannt, so bemerkt man an seinem anderen freien Ende maximale Bewegungen, entsprechend dem sogenannten abgestimmten Sender der drahtlosen Telegraphie, der an seinem oberen Ende maximale Werte der Spannung, d. h. der elektrischen Erschütterung, aufweist. Man kann nun, entsprechend dem mechanischen Beispiel, den oberen Wert der Spannung erreichen, der zum Nachweise der elektrischen Wellen erforderlich ist, wenn man nur den oberen Draht ausführt und den unteren Draht durch Erdverbindung oder Gegengewicht ersetzt. Mit der Entdeckung dieser Tatsache war ein außerordentlicher wirtschaftlicher Vorteil verknüpft; denn die Gesamtanlage einer Sendestation würde bei symmetrischer Ausführung des Luftleiternetzes nach oben und unten mindestens doppelt so teuer werden als die einfache Anordnung.

Ganz ähnlich wie der Sender verhält sich der Empfänger. Die elektrischen Wellen haben das Intervall zwischen Sender und Empfänger zurückgelegt und sind vom Empfangsluftleitergebilde aufgefangen worden. Die Kenntlichmachung der Wellenenergie, welche ebensowenig wie alle anderen elektrischen Erscheinungen direkt von unseren Sinnen wahrgenommen werden kann, erfolgt in verschiedener Weise. Man kann nämlich genau wie beim Sender vom Empfangsluftdraht durch den Wellenindikator (Kohärer), welcher der Funkenstrecke analog ist, zur Erde gehen (alte Marconischaltung), oder man kann mittels eines eisenlosen Transformators den Luftdraht einschließlich Erdverbindung mit dem Empfängerkreise inkl. Wellenindikator „koppeln". Die erste Schaltung, welche direkte oder „konduktive Schaltung" genannt wird, wendet man dann an, wenn nur äußerst kleine Empfangsenergie zur Verfügung steht, also meist bei großen Entfernungen, während die zweite Schaltung stets da benutzt wird, wo es auf einen kleinen Energieverlust nicht ankommt, aber vor allem auf große Abstimmschärfe Wert gelegt wird; diese läßt sich nur mit der Transformatorschaltung erzielen, und sie wird um so besser, je „loser" man koppelt.

Nach dem oben angeführten Versuch mit den beiden Stimmgabeln, welche dann größte Lautstärke besaßen, wenn Resonanz vorhanden war (und zwar Resonanz zwischen Stimmgabel und Stimmgabel, und Stimmgabel und Resonanzboden), ist es selbstverständlich, daß man bei den Anordnungen für drahtlose Telegraphie, für welche man alle akustischen Verhältnisse vergleichsweise übernehmen kann, gleichfalls das „Resonanzprinzip" anwendet, um maximale Schwingungseffekte zu erzielen.

Noch von einer anderen Erscheinung soll hier kurz die Rede sein, die in der drahtlosen Telegraphie von Wichtigkeit ist: nämlich der „Dämpfungserscheinung". Diese wirkt ähnlich wie die mechanische Reibung bei einem rollenden Rade oder gleitenden Körper, d. h. sie sucht die als Nutzarbeit aufgewandte Energie zu schwächen. Die Dämpfung hat ihren Grund fast nur in den elektrischen Eigenschaften von Funkenstrecke, Transformator, Luftdraht, Indikator etc. Man hat daher stets ein gewisses Interesse daran, die Dämpfung namentlich im Empfänger so klein wie möglich zu gestalten. Einen großen Fortschritt bedeutet nach dieser Richtung hin der feinunterteilte Azetatdraht der Gesellschaft für drahtlose Telegraphie, bei welchem z. B. die Dämpfungsverluste durch elektrische Wirbelströme fast gleich Null sind. Infolgedessen gelingt es leicht, mit Transformatoren, deren Wicklungen aus Azetatdraht bestehen, ganz lose zu koppeln und somit auch sehr große Abstimmschärfe zu erzielen. Ein bedeutender Schritt auf dem Wege zur Herstellung der Symphonie zwischen Geber und Empfänger.

Wir wenden uns nun wieder dem Empfänger zu. Die aufgefangene Wellenenergie ist entweder direkt oder indirekt in den „Detektor" gelangt und hat hier Veränderungen hervorgerufen, die je nach der Art des Wellenindikators verschiedene sind. So wird bei einigen Indikatoren der Widerstand erniedrigt (Kohärer), bei anderen der Widerstand durch das Auftreffen der Wellen erhöht (Antikohärer), bei einer dritten Anordnung wird die Wellenenergie in Wärme und Thermoströme umgewandelt (Bolometer, Thermoelemente). Schließlich hat sich in den letzten Jahren ein Indikator praktisch vorzüglich bewährt, bei welchem eine elektrolytische Polarisation stattfindet (elektrolytische Zelle). Auf die zahlreichen weiteren Laboratoriumskonstruktionen, von denen ein großer Teil auf dem Kohärenz- und Mikrophon-Phänomen beruht, kann hier nicht eingegangen werden. Nur noch der elektromagnetische Detektor von Marconi sei kurz erwähnt. Ein Stahl- oder Elektromagnet rotiert unter einem Bündel von Stahldrähten, um welche zwei Wicklungen von Kupferdraht gelegt sind, von denen eine direkt zwischen Luftleiter und Erdverbindung geschaltet ist, während die andere ein Telephon enthält, in welchem beim Auftreffen von Wellen und bei gleichzeitiger Rotation des Magneten Induktionsströme erzeugt werden, die sich im Telephon durch Geräusche bemerkbar machen.

Die Kenntlichmachung der Welleneinwirkung auf den Detektor ist je nach der Art desselben verschieden. Die meisten Indikatoren (wie z. B. der gewöhnliche Körnerfritter) betätigen ein Relais und schließen damit einen Stromkreis, in welchem der Morseschreiber, Klopfer etc. liegen. Auf diese Weise wird also direkt geschrieben, und das Telegramm kann vom Morsestreifen, der gleichzeitig einen Beleg bildet, in derselben Weise abgelesen werden, wie das in der Drahttelegraphie der Fall ist. Beim elektrolytischen Detektor, welcher im Gegensatz zum gewöhnlichen Körnerfritter ohne Erschütterung von selbst auf seinen Anfangswiderstand zurückgeht, hört man am besten die Zeichen mit dem Telephon ab. Die Schaltung hierbei ist denkbar einfach, und wegen der Selbstentfrittung der Zelle können auch viel höhere Telegraphiergeschwindigkeiten erzielt werden als mit dem Kohärer.

Um den Empfänger auf den Sender abstimmen zu können, also um die Wellenlänge (streng genommen: Periodenzahl) des Empfängers derjenigen des Gebers möglichst gleich zu machen, sind in die Empfängerkreise ebenso wie in die Geberkreise

Kapazitäten und Selbstinduktionen eingeschaltet, die einen großen Veränderungsbereich der Wellenlängen zulassen.

Eines besonders interessanten Verfahrens sei hier zum Schluß noch gedacht, welches von der Gesellschaft für drahtlose Telegraphie angewendet und „Fernwellenmessung" genannt wird. Während nämlich der Geber möglichst reine und wenig gedämpfte Wellen aussenden soll, muß man vom Empfänger verlangen, daß er auf die Wellen, welche die Periode des Gebers besitzen, sehr empfindlich reagiert, im Gegensatz zu allen anderen Wellen von anderer Periodenzahl. Zur Ausführung der Fernwellenmessung ersetzt man den entfernten Sender durch einen als Geber ausgebildeten Wellenmesser (ETZ 24. p. 1024); dieser wird dem Empfangskreise genähert und nach erfolgter Abstimmung des Empfangskreises auf die festzustellende Welle als Geber betätigt und darauf der Empfänger auf maximale Amplitude eingestellt; man kann dann direkt an der Skala des Wellenmessers die Ablesung vornehmen. Die Schärfe der Abstimmung hängt hauptsächlich von der Größe der Dämpfungen im Empfangskreise ab und diese wiederum von dem Energieverbrauch im Detektor und vom Ohmschen Widerstand in den Drähten. Letzterer kann durch Verwendung von Azetatdraht, wie schon oben bemerkt, ganz bedeutend herabgesetzt werden.

Im vorstehenden ist versucht worden, einen kurzen Abriß der allgemeinen Wirkungsweise der modernen drahtlosen Telegraphie zu geben. In bezug auf alle Einzelheiten muß auf die Beschreibung der weiter unten folgenden Systeme, ferner auf die physikalische und technische Literatur sowie auf die Patentbeschreibungen verwiesen werden. Am Schluß dieser Abhandlungen ist daher eine möglichst vollständige Zusammenstellung der wissenschaftlichen und technischen Veröffentlichungen über drahtlose Telegraphie wiedergegeben.

B. Geschichtliche Entwicklung.

Fast sämtliche historischen Einleitungen zu Darstellungen der drahtlosen Telegraphie beginnen mit den optischen und akustischen Zeichenübertragungen alter Kulturvölker, obwohl diese einfachen und, mit dem Maßstabe der damaligen Zeit gemessen, sinnreichen Einrichtungen mit elektromagnetischer Wellentelegraphie nichts weiter gemeinsam haben, als daß Nachrichten von einem Ort zum andern ohne direkte metallische Leitung übermittelt wurden. Von einer „Fernschrift" (griechisch $\vartheta\varepsilon\lambda\varepsilon\gamma\varrho\alpha\varphi\acute{\iota}\alpha$) war bei keiner dieser alten Verkehrseinrichtungen die Rede. In den meisten Fällen begnügte man sich mit der Entzündung von Leuchtfeuern, die in längeren Pausen sichtbar gemacht bezw. zugedeckt wurden, verschieden gefärbten Tüchern und dergleichen, wie es jetzt noch im Schiffsverkehr mit Flaggensignalen etc. Brauch ist.

Man würde indessen fehlgehen, wenn man annehmen wollte, daß die drahtlose Telegraphie erst allerjüngsten Ursprungs sei, obwohl zugegeben werden muß, daß die wissenschaftliche Klärung der Grundphänomene sowie deren praktische Nutzbarmachung zu Verkehrszwecken etwa erst im letzten Dezennium erfolgt ist.

Man hat mit Recht das bekannte galvanische Froschschenkel-Experiment als ersten Versuch der drahtlosen Telegraphie bezeichnet. Der Froschschenkel war in diesem Fall der Detektor, der kupferne Haken, an dem der Schenkel mit Nervenbündeln aufgehängt war, die Antenne. Galvani erklärte bekanntlich damals die Wirkung des zuckenden Schenkels als eine Folge des „Lebenselixiers", welches nach seiner Ansicht das Willensprinzip ausmachen sollte.

Lange Zeit verging nun, bevor auf unserem Gebiete wieder etwas an die Öffentlichkeit drang, was seinen Grund wohl hauptsächlich in der Notwendigkeit der Lösung erkenntnistheoretischer Fragen hatte.

Viele Jahre nach den galvanischen Versuchen wurden Untersuchungen, welche allerdings Wasser statt Luft als Übertragungsmedium benutzen, von Lindsay (im Jahre 1831) angestellt. Eine dieser ganz ähnlichen Versuchsanordnungen benutzte zu Beginn der vierziger Jahre des vergangenen Jahrhunderts Morse, um zwischen Castelgarden und Governors Island zu telegraphieren. Nach diesen beiden Erfindern, welche keine eigentlichen elektromagnetischen Wellen benutzten, ruhten die Versuche fast vollständig, bis zum Ausgang der siebziger Jahre der berühmte Entdecker des Mikrophonphänomens, D. E. Hughes, einer Anzahl von Gelehrten seine Mikrophontelegraphie vorführte. Als Sender benutzte er eine kleine Mikrophonspule, als Empfänger einen losen Kontakt, der beim Auftreffen von Wellen seinen elektrischen Widerstand änderte. Letztere Änderung rief in einem mit den Kontakten verbundenen Telephon Geräusche hervor, welche man abhören konnte, und so wurde bei Verwendung z. B. des Morsealphabetes eine Verständigung zwischen zwei räumlich getrennten Orten möglich. Eine exakte Nachrichtenübermittelung soll damals bis auf etwa 70 Yards erreicht worden sein. Auch das Abstimmungsproblem war Hughes schon bekannt, wenn es auch nicht ganz klar von ihm ausgesprochen wurde.

Kurze Zeit darauf entwarf Crookes ein wahrhaft großartiges Bild von der Nutzbarmachung der Wellentelegraphie, ein Bild, welches durch die heutige Entwicklung beinahe zur Wirklichkeit geworden ist. Auch Crookes hebt das Abstimmungsproblem besonders hervor, und es berührt eigentümlich, ihn von einem „Abstimmungsapparat" sprechen zu hören, der mit dem von der Gesellschaft für drahtlose Telegraphie angewendeten „Fernwellenmesser" große Ähnlichkeit besitzt.

Die wissenschaftliche Vertiefung und Grundlage zu allem Folgenden wurde aber erst von Heinrich Hertz in den Jahren 1887—1890 in seinen berühmten „Untersuchungen über die Ausbreitung der elektrischen Kraft" gegeben. Die in diesen

Abhandlungen beschriebenen Versuche ließen infolge ihrer Beweiskraft der Maxwellschen Theorie das große Gebiet der elektromagnetischen Schwingungen übersehen und mit den Einzelheiten genau operieren.

So finden wir denn auch, daß seit den Hertzschen Fundamentaluntersuchungen in fast allen Ländern intensiv an der Frage einer rationellen drahtlosen Telegraphie gearbeitet wird, deren Weiterentwicklung durch die Entdeckung des Kohärers von Branly besonders begünstigt wurde. Die Empfindlichkeit dieses Indikators war schon bei den ersten rohen Ausführungen außerordentlich groß im Vergleich zu der kleinen Resonatorfunkenstrecke, die Hertz bei seinen Versuchen benutzt hatte. Ein Mißstand dieser neuen Einrichtung bestand allerdings darin, daß der große Anfangswiderstand des Kohärers erst nach Klopfen sich wieder einstellte, und daß erst dann der Empfänger wieder zur Aufnahme neuer Zeichen bereit war. Es gelang aber bald durch Klopfer, die mittels Uhrwerken oder sogar schon elektrisch und automatisch betrieben wurden, dieser Schwierigkeiten Herr zu werden. Als anderer wesentlicher Fortschritt muß die Anwendung der Antenne als Empfänger und Sender bezeichnet werden. Diese Entdeckung wurde in einem Lande gemacht, das sonst in den Annalen der Technik nur selten verzeichnet steht: in Rußland. Hier hatte Professor Popoff einen langen Draht, welcher senkrecht zur Erdoberfläche ausgespannt war, mit Kohärer, Klopfer und Weckglocke derart verbunden, daß eine akustische Registrierung der langsamen elektrischen Entladungen atmosphärischen Ursprungs erfolgte. Der Anfangswiderstand des Kohärers wird durch den Klopfer automatisch hergestellt. Diese Einrichtung ist für alle folgenden Schaltungen der drahtlosen Telegraphie vorbildlich geworden.

So waren alle Grundlagen bekannt und vorhanden, als Marconi im Juni 1896 sein erstes Patent anmeldete und seine Ideen praktisch im Experiment verwirklichte. Ihm gelang es namentlich, zahlreiche Schwierigkeiten der Konstruktion von Apparaten und Schaltungsanordnungen zu überwinden, so daß die Bezeichnung Marconisystem zu Recht besteht. Aus der großen Zahl der Verbesserungen, welche die drahtlose Telegraphie Marconi verdankt, sei vor allem der Kohärer hervorgehoben, der nun erst zu einem von gewünschter Empfindlichkeit mit zuverlässiger Sicherheit arbeitenden Indikator wurde.

Nach den großartigen Marconischen Erfolgen begann es sich in der alten und der neuen Welt kräftig zu regen. Zunächst wurden die Marconischen Schaltungen nachgemacht und verbessert; dann aber richtete sich das Hauptaugenmerk auf die konstruktive Durchbildung der Gebe- und Empfangsapparate. Zugleich versuchte man die Sende- und Empfangsluftdrahtnetze ausgedehnter und höher, die ausgestrahlten Energiemengen immer intensiver zu gestalten. Dabei wurde insofern bald die Grenze erreicht, als die Funkenstrecke, welche die Senderluftdrähte zu erregen hatten, mit zunehmender Energie ihren wirksamen oszillatorischen Charakter verlor und lichtbogenartige Struktur annahm. Ein weiterer Mißstand, der sich mit der wachsenden Stationenzahl immer fühlbarer machte, war die Tatsache, daß die Empfangsluftdrähte auf die Obertöne reagierten, welche von den Sendestationen ausgestrahlt wurden. Analog dem Vorgange in der Akustik nannte man diese Erscheinung „vielfache Resonanz".

Ein sehr erheblicher Fortschritt der Abstimmungsmöglichkeit wurde daher durch die sogenannte Transformatorschaltung von Braun erzielt. Diese Transformatorschaltung besteht im wesentlichen darin, daß in den Luftdrahtkreis die starken oder auch schwachen Windungen eines eisenlosen Transformators geschaltet werden, während die entsprechenden anderen Windungen in den Erreger- oder Empfängerkreis gelegt werden. Braun war ferner der erste, welcher streng wissenschaftlich die Einschaltung von Kondensatoren in dem Erregerkreis definierte und so den Weg zeigte, große Energiemengen in den Raum auszustrahlen und weite Strecken zu überwinden.

Einen nicht unbedeutenden Fortschritt bedeutete ferner die Mehrfachtelegraphie, d. h. die Möglichkeit, mit einem Empfangsluftdrahte mehrere Telegramme von verschiedener Wellenlänge aufzunehmen. Besonderes Interesse verdient die Lösung dieser Frage, wie sie Slaby-Arco gegeben haben. Hierbei wurden an ein und demselben Luftdrahte so viele Kohärerstromkreise (mit Abstimmspulen) angeschlossen, als Telegramme aufgenommen werden sollten bezw. von der Geberstation mit verschieden langer Welle gegeben wurden.

Durch Veränderung der Windungszahl der Abstimmspulen konnte leicht die Wellenlänge vergrößert oder verkleinert werden. Man hatte somit, namentlich wenn recht große Wellendifferenzen gewählt wurden, die Möglichkeit, schnell die betreffende Wellenlänge einzustellen und damit die jeweilige Syntonie zwischen Geber und Empfänger herzustellen.

Zu allen bisherigen Untersuchungen und Nachrichtenübertragungen war als Wellenindikator der Branlysche Körnerfritter in verschiedensten Modifikationen zur Anwendung gelangt. Er allein hatte sich in der Praxis bewährt, während man nach einem Ersatz für ihn eifrigst auf der Suche war. Die Zahl der angegebenen Kontaktfritter ist außerordentlich groß. Man hat wohl, wie schon oben bemerkt, so ziemlich alle Variationen versucht, die sich herstellen lassen. Von allen diesen Anordnungen ist zur praktischen Ausnutzung kaum eine einzige gelangt. Erst als man ganz andere Wirkungen des elektrischen Stromes, wie z. B. chemische oder magnetische, zu benutzen begann, kam man zu erfreulicheren Resultaten. Die elektromagnetischen Detektoren, welche mehr oder weniger alle auf dem von Rutherford entdeckten Prinzip der Magnetisierung oder Entmagnetisierung durch schnelle Schwingungen basieren, sind bisher noch nicht in das Stadium praktischer Brauchbarkeit gelangt, obwohl ihnen wahrscheinlich die Zukunft gehört, und die wissenschaftliche Erkenntnis schon heute auf diesem Gebiete keine geringe ist. Hingegen hat sich der elektrolytische Detektor schnell das Feld erobert und scheint besonders zur Überbrückung von großen Entfernungen hervorragend geeignet zu sein. Der von der Gesellschaft für drahtlose Telegraphie in die Praxis eingeführte, auf diesem Prinzip beruhende Schloemilch-Detektor eignet sich z. B. vorzüglich sowohl für kleine wie für große Entfernungen und spricht noch dann zuverlässig an, wenn der Körnerfritter längst versagt.

C. Absatzverhältnisse, Wirtschaftsverkehr und technische Einzelheiten der verschiedenen Systeme.

Den praktischen Installationen entsprechend, bilden Küstenstationen und Schiffe das Hauptabsatzgebiet für die Erzeugnisse der drahtlosen Telegraphie. Daneben kommen noch die Ausrüstungen der Landarmee in Betracht, wohingegen ortfeste Landstationen erst in neuester Zeit für den Verkehr gebaut werden, während für Versuchszwecke diese Ausführungsform naturgemäß gerade in der ersten Zeit vorwiegend installiert wurde.

1. The Marconi International Marine Communication Company, Ltd. 18, Finch Lane. Threadneedle Street. London E. C.

Durch diese Gesellschaft erfolgt die Anwendung und Ausbeutung der Marconi- und Fleming-Patente. Ihre ersten Installationen wurden hauptsächlich zu Propaganda- und Versuchszwecken angestellt. Schon im Juli 1899 erhielt eine Dubliner Zeitung über den Verlauf der bei Kingston stattfindenden Regatten fortlaufende Berichte durch eine in Kingston etablierte Empfangsstation für drahtlose Telegraphie. Die Sendestation befand sich auf einem Dampfer, der den Wettkampf aus der Nähe verfolgte. Im August desselben Jahres blieb der Prince of Wales während einer Fahrt in der Nähe der Insel Wight auf seiner Yacht in beständiger drahtloser Verbindung mit dem Schlosse Osborne. Die Verständigung gelang bis auf 13,5 km, obwohl die beiden Stationen mitunter durch hohe Hügel voneinander getrennt waren. Hierauf, im

Juni 1899, wurde eine Versuchsstation errichtet, um den Verkehr zwischen der Leuchtturmstation South Foreland bei Dover und dem auf der anderen Seite des Kanals liegenden Wimeraux in der Nähe von Boulogne herzustellen. Die Entfernung betrug bei diesen Versuchen 46 km. South Foreland trat auch mit dem 19 km entfernt liegenden Feuerschiff Goodwind in Verbindung.

Es würde zu weit führen, wenn alle nachfolgenden Installationen aufgezählt werden sollten. Statt dessen erscheint es zweckmäßiger, den Finanzstatus und die Übersicht über Installationen und Produktionsverhältnisse der Marconi-Gesellschaft und eine hieran anschließende Kritik derselben für das zuletzt veröffentlichte Rechnungsjahr mitzuteilen.

Die Bilanz für 1903/04 (z. B. in „Electrical Investments" vom 15. 2. 05) lautet in freier Übersetzung (an mehreren Stellen war der Text in der vorgenannten englischen Wiedergabe technisch unmöglich, so daß der Verfasser die seiner Ansicht nach richtige Lesart setzte), wie folgt:

Kapital: £ 300 000 — in 300 000 shares of £ 1 each.

Direktoren: J. F. Bannatyne, K. J. Davis, Sir Ch. Ewan-Smith, K. C. B., C. S. J. (Chairman), W. W. Goodbody, H. C. Hall (Managing Director), Chevalier Guglielmo Marconi, Ll. D., D. Sc., A. L. Ochs, Major S. Fl. Page, H. Sp. Saunders.

Auditors: Messrs. Cooper Brother & Co.

Solicitors: Messrs. Hollams, Sons, Coward and Hawksley.

Secretary and Offices: Henry W. Allen, F. C. J. S., 18 Finch Lane, London E. C.

Übersicht:

Die Direktoren der Marconi Wireless Telegraph Company legen den Aktionären (Shareholders) den folgenden Bericht in Sachen der Gesellschaft, einschließlich der Vorgänge bis zum 30. September 1904, vor. Sie sind wiederum in der Lage, den wachsenden Gewinn des verflossenen Geschäftsjahres nachzuweisen; der Nettogewinn des mit dem 30. September ablaufenden Jahres beträgt £ 12 681 5 s 3 d gegenüber £ 10 607 7 s 8 d des vorhergehenden Geschäftsjahres 1903. Die Geschäfte der Gesellschaft machen in der ganzen Welt wirksame Fortschritte, und mit den Versuchsstationen für transatlantische Telegraphie scheint eine neue Ära für die Tätigkeit der Co. gekommen zu sein.

Transatlantische Telegraphie: Die Direktoren betrachten es als ein Resultat der Marconischen Experimente, daß sich die Gesellschaft jetzt im Besitze aller für die Ausrüstung von Stationen mit guter, kommerzieller Arbeitsweise für den Verkehr zwischen England und Amerika notwendigen Daten befindet. Ferner ist eine neue Station in Kanada, welche die neuesten Erfahrungen in zweckentsprechendsten Anordnungen aufweist, nahezu vollendet. Die Frage, betreffend die Lage für die Neuanlegung einer Station in Großbritannien, ist noch nicht entschieden; der größte Teil der Maschinen hierfür ist jedoch bereits bestellt, und man erwartet, daß eine Station, ähnlich der nahezu fertiggestellten in Kanada, in wenigen Monaten betriebsbereit sein wird, nachdem die Lage feststeht. Es mag erwähnt werden, daß zwei korrespondierende Stationen imstande sind, 30 bis 35 Worte in der Minute zu wechseln. Zwei der Gesellschaft gehörende Stationen, welche jetzt rentabel arbeiten, weisen den Betrag einer Telegraphiergeschwindigkeit von 28 Worten in der Minute auf, ausgerechnet aus dem Arbeitsbetrage einer Stunde an 6 aufeinander folgenden Tagen. Bei einer herabgesetzten Taxe von 6 d pro Wort für transatlantische Nachrichten kann man berechtigterweise annehmen, daß 2 drahtlose Stationen voll beschäftigt im Betrieb gehalten werden können. Wenn man die Gesamtzahl berechnet der in einem Jahr telegraphierten Worte, bei nur 15 Worten pro Minute und bei 10 stündiger Arbeitszeit während 300 Tagen, so würde man abzüglich der Steuern ungefähr £ 56 000 pro Jahr erzielen. Die Stationen, welche bereits in Poldhu (siehe Fig. 1), Cornwall und Cape Cod (Massachusetts) eingerichtet sind, werden regelrecht benutzt zur Nachrichtenübertragung an jeden Punkt des Atlantischen Ozeans für diejenigen Schiffe, die mit Empfangsapparaten für große Entfernungen ausgerüstet sind. Die Arbeitsresultate, welche diese Stationen während der letzten 7 Monate ergeben haben, haben die Direktoren in ihrer Meinung bestärkt, daß die neuen Stationen einem befriedigenden Dienst zwischen England und der Union genügen werden.

Postdienst: Das Abkommen, das im August vorigen Jahres mit dem Generalpostmeister getroffen wurde, trat am 1. Januar für alle Postanstalten im Vereinigten Königreich in Kraft, und zwar für Botschaften, welche auf See befindlichen Schiffen durch die Küstenstationen der Gesellschaft übermittelt werden sollten.

Admiralität: Fortgesetzt während des letzten Jahres hat die Gesellschaft von der obersten Seebehörde wichtige Aufträge erhalten, einschließlich der Bestellung von Empfangsapparaten für große Entfernungen. Einige Schiffe, welche mit diesen Apparaten ausgerüstet waren, sind vor kurzem während der ganzen Reise von Gibraltar nach England durch drahtlose Telegraphie mit Poldhu in Verbindung geblieben.

Kanada: Während des letzten Jahres sind 4 Stationen mit unseren Apparaten ausgerüstet worden (St. Lawrence); ferner ist ein neuer Vertrag zwischen der kanadischen Regierung und unserer dortigen Tochtergesellschaft geschlossen worden, mit dem Inhalt, daß im Auftrage der Regierung die bereits bestehenden Einrichtungen für drahtlose Telegraphie vergrößert werden sollen.

Neu-Fundland: 5 Stationen sind für die Mittelpunkte des Fischfanges ausgerüstet und längs der Küste von Labrador installiert worden. Wenn erst die kanadischen Stationen fertiggestellt sein werden, wird unsere Stationenkette der Neu Fundland-Regierung direkte Verbindung zwischen den Küsten von Labrador und Kanada anbieten können.

Italien: Diejenigen Stationen für drahtlose Telegraphie zwischen Italien und Montenegro, welche im letzten Jahre in Aussicht standen, sind inzwischen fertiggestellt worden und dienen jetzt dem täglichen kommerziellen Verkehr zur Übermittelung von Nachrichten zwischen Italien und Montenegro, und zwar nimmt die drahtlose Verbindung der regulären Kabelverbindung einen ansehnlichen Teil der Nachrichtenübermittelung ab. Die italienische Regierung hat einige günstige Änderungen in dem Vertrage betreffs der Ausstattung der großen Kraftstation in Coltano, bei Pisa, getroffen, welche den Betrieb mit den anderen großen Kraftstationen aufnehmen soll. Eine ganze Anzahl neuer Stationen für Seezwecke ist vervollständigt worden. Die Verbindung der Insel Sizilien mit dem Kontinent wurde auf Veranlassung der sizilischen Bahn-verwaltung von der Gesellschaft ausgeführt.

Holland: Der Ankauf unserer drahtlosen Stationen, welche zur Zeichenübertragung zwischen England und Amsterdam dienen sollen, ist von der Postverwaltung in Aussicht genommen.

Chile: Die chilenische Regierung hat eine Summe aus-geworfen, um Versuche auszuführen, welche die Güte des Marconischen Systems zeigen sollen; Bedienungsmannschaften und Materialien wurden zu diesem Zwecke im Juli nach Chile befördert, ein chilenisches Kriegsschiff zu unserer Verfügung gestellt. Die Versuche waren erfolgreich, und die Regierung steht jetzt wegen weiterer Installationen mit unserer Gesell-schaft in Unterhandlungen.

Kriegsministerium: Ein Vertrag ist abgeschlossen worden wegen Einrichtung und Aufrechterhaltung des draht-losen Betriebes zwischen einigen Inseln des Kanals.

Berliner Konferenz: Deutschland machte den Regie-rungen den Vorschlag zu einer weiteren Konferenz im August vorigen Jahres und, da dieses nicht gelegen war, zu einer Zusammenkunft im Oktober. Einigen der Regierungen war es unmöglich, sich zur vorgeschlagenen Zeit an der Konferenz zu beteiligen, und es ist daher wahrscheinlich, daß dieselbe im April stattfinden wird. Die Direktoren sind der Ansicht, daß ihre Gesellschaft durch die Verträge, welche sie abgeschlossen haben, Schutz besitzen wird gegen die für den internationalen Verkehr hinderlichen (injurious) Entscheidungen der Konferenz, welche event. gefällt werden.

Meteorologischer Stationsdienst: Vorigen Juli hat Daily Telegraph vorgeschlagen, Anordnungen zu treffen, zum Zwecke von Wetterbestimmungen an Bord aller mit Marconi-Apparaten ausgestatteten Dampfer und ihre Wahrnehmungen auf der Reise nach Osten 3 Tage bevor die Schiffe mit dem Lande in Berührung kommen den Küstenstationen mitzuteilen. Die Mitteilung wird vom Kapitän oder einem Offizier aufgesetzt, einer unserer Küstenstationen mit Hilfe von drahtloser Tele-graphie übertragen und im Daily Telegraph veröffentlicht. Das Meteorologische Staatsinstitut in London steht jetzt in Ver-bindung mit der Gesellschaft, in der Absicht, einen ähnlichen Nachrichtendienst für seine eigenen Zwecke zu vereinbaren.

Fabrikation: Die Werkstätten waren während des ganzen letzten Jahres voll beschäftigt. Während einiger Monate mußte der Betrieb sogar in Tag- und Nachtschichten durchgeführt

Figur 1.
Poldhu-Station.

werden. Die vorhandenen und noch in Aussicht stehenden Aufträge übersteigen die Leistungsfähigkeit der bestehenden maschinellen Einrichtungen, und die Direktoren treffen Anstalten, neue Fabrikationsanlagen zu schaffen, welche auch dem ausgedehntesten Anwachsen des Betriebes gerecht werden können.

2*

Die internationale Organisation zur Ausrüstung von Schiffen und Küstenstationen mit drahtloser Telegraphie hat sich wiederum vergrößert. Nachfolgend eine Liste der jetzt mit drahtloser Telegraphie nach dem Marconisystem ausgerüsteten Dampfer:

Cunard Steamship Company: S. S. Campania, Etruria, Ivernia, Lucania, Umbria, Saxonia, Aurania, Karpathia, Slavonia, Pannonia, Ultonia.

Norddeutscher Lloyd: S. S. Kaiser Wilhelm der Große, Kronprinz Wilhelm, Kaiser Wilhelm II., Großer Kurfürst.

Allan Line: S. S. Parisian, Tunisian, Bavarian.

Atlantic Transport Company: S. S. Minneapolis, Minnehaha, Minnetonka.

American Line: S. S. Philadelphia, St. Louis, St. Paul, New York.

Companie Transatlantique: S. S. La Savoie, La Lorraine, La Touraine, La Bretagne, La Gascogne.

Belgian Mail Packet: S. S. Prinzesse Clementine, Flandre, Prinzesse Henriette, Prinzesse Josephine, Leopold II., Marie Henriette, Prince Albert, Rapide, Ville de Douvres.

Red Star Line: S. S. Zeeland, Vaderland, Finland, Kroonland.

Hamburg-Amerika-Linie: S. S. Deutschland, Moltke, Blücher,

Isle of Man Steam Packet Company: S. S. Empress Queen.

Holland American Line: S. S. Rotterdam, Potsdam, Ryndam, Nordam, Statendam.

Navigazione Generale Italiana: S. S. Sardegna, Liguria, Lombardia, Sicilia.

Canadian Government: S. S. Minto, Stanley, Canada.

White Star Line: S. S. Oceanie.

Das System wird in kurzer Zeit installiert sein auf den folgenden Schiffen:

Allan Line: S. S. Victorian, Virginian.

Anchor Line: S. S. Caledonia, Columbia.

Cunard Steamship Company: S. S. Caronia.

Hamburg-Amerika-Linie: S. S. Hamburg.

Compania di Navigazione; „La Veloce": S. S. Cita di Napoli, Sud America.

Navigazione Generale Italiana: S. S. Umbria.

White Star Line: S. S. Baltic, Cedric, Celtic, Majestic, Teutonic.

60 Küstenstationen sind bis jetzt zur Nachrichtenübermittlung mit Marconi-Apparaten ausgerüstet.

Kapitalsausgabe: Nach Schluß des Finanzjahres bot die Gesellschaft den Mitgliedern 300 000 shares zu pari an. Diese Emission wurde durch ein Konsortium garantiert, in welchem 6 Direktoren direkt oder indirekt engagiert waren; man überlegte, daß ein Prämiengeschäft weitere 30 000 shares zum Kurse von 27 s 6 d erforderlich machte, und hierdurch gelang es, die gesamte Anzahl der shares unterzubringen.

Entlastung der Direktoren und Rechnungsrevisoren: Die Direktoren, die durch Wechsel entlastet worden sind, Mr. J. F. Hannatyne, H. S. Saunders und Major S. F. Page, welche sich, da sie wahlfähig sind, zur Wiederwahl anbieten.

Die Bilanz für das bis zum 30. September 1904 reichende Rechnungsjahr lautet (siehe S. 22 und 23):

Kritik: Diese Bilanz zeigt mit ihren bedeutenden Summen, daß für die Zwecke der drahtlosen Telegraphie Kapitalien investiert sind, die vom weltwirtschaftlichen Standpunkte aus keineswegs vernachlässigt werden dürfen. Das sind die Zahlen einer Gesellschaft; wenn man bedenkt, daß in ganz ähnlicher Weise noch etwa 4 andere Gesellschaften wirtschaftliche Machtfaktoren darstellen, so wird man zugeben müssen, daß, auch den reinen Geldwert der Unternehmungen betrachtet, deren Hausse und Baisse schon jetzt auf den Markt direkt und indirekt einen gewissen Rückdruck ausüben wird. Dabei stehen wir erst im Anfang der Entwicklung des jungen Industriezweiges.

Aus den bisher veröffentlichten Marconi-Bilanzen ist selbst in der kurzen Zeit des Bestehens, die wir verfolgen können, das gewaltige Anwachsen ersichtlich. Fast scheint es, als ob man 1903 die Liebenswürdigkeit der englischen Limited, billige Aktien von £ 1 das Stück zu emittieren, so daß sich auch das kleine und kleinste Kapital an der Spekulation beteiligen kann, etwas zu sehr überschätzt hat; denn während 1903 350 000 shares zu £ 1 als zur Ausgabe fertig gestellt stehen, ist 1904 deren Zahl auf 300 000 Stück zurückgegangen. Diese finanzpolitische

BALANCE SHEET,

Dr.	£	s	d	£	s	d
To Capital —						
Authorised.						
300,000 Shares of £ 1 each	300,000	0	0			
Issued.						
221,127 Shares, fully paid	221,127	0	0			
Less Calls unpaid	50	5	0	221,076	15	0
„ Share Premium Account	47,810	0	0			
Less Expenditure in establishing the Business						
of the Company in excess of Receipts to						
30th September, 1903	21,850	7	6	25,959	12	6
„ Creditors				23,475	7	2
„ Liability on Shares in Associated Company	11,972	5	0			
„ Balance of Profit and Loss Account, being Profit from						
30th September, 1903, to 30th September, 1904 . .				12,681	5	3
				£ 283,192	19	11

PROFIT AND LOSS ACCOUNT

	£	s	d
To Director's Fees and Managing Director's Remuneration	3,047	8	9
„ Salaries	2,342	7	7
„ Law Charges, Professional Fees, Patent Fees and Expenses	5,683	13	1
„ Travelling Expenses, Rents, Rates, Taxes, and Sundry Expenses . .	9,304	7	4
„ Repairs and Renewals, and depreciation of Plant, Machinery, and Furniture	1,060	7	11
„ Balance carried to Balance-sheet	12,681	5	3
	£ 34,119	9	11

In accordance with the provisions of the Companies Act, 1900, we certify that holders that we have audited the above Balance-sheet. The Stock has been certified by £ 712,600 are in Montreal and New York respectively. With regard to the former, we disposal unencumbered, and with regard to the latter we have seen a letter from the Company. The Company holds nearly the whole of the issued Capital of the Marconi our opinion such Balance-sheet is properly drawn up so as to exhibit a true and correct

      LONDON, February 3, 1905.

September 30, 1904.

	£	s	d	£	s	d
Cr.						
By Cash at Bankers and in Hand	2,715	17	7			
Loan to Brokers against Securities	3,294	0	0	6,009	17	7
„ Stock				14,924	15	8
„ Debtors				36,430	7	3
„ Amounts due from Associated Companies				18,882	0	6
„ Furniture				318	14	1
„ Plant, Machinery and Buildings —						
Transatlantic and other Stations	31,203	12	2			
Chelmsford Works	1,902	14	5	33,105	6	7
„ Cost of Patents — *Less* amount apportioned in respect of Patent Rights transferred to Associated Companies				80,589	18	7
„ Shares in Associated Companies						
„ Shares Acquired under Agreements — entered at par value —						

value —

> 35,650 fully-paid Shares of $ 100 each of the Marconi Wireless Telegraph Company of America, after deducting 4,000 Shares surrendered and 1,175 Shares otherwise disposed of.
> 660,000 fully-paid Shares of $ 5 each of the Marconi Wireless Telegraph Company of Canada, Limited.
> 100,000 fully-paid Shares of £ 1 each of the Marconi International Marine Communication Company, Limited.
>> 68 Bearer Shares (parts bénéficiaires) of no capital denomination of the Cie. Française Maritime et Coloniale de Télégraphie sans fil.

} 1.473,000   0   0

Less Reserve —

> Par value of Shares after deducting cost of Great Breton Station, cost of establishing Transatlantic communication, and amount apportioned in respect of Patent Rights transferred to Associated Companies . . . 1,409,254   2   8

				63,745	17	4
„ Shares Purchased at Cost	29,185	2	4	92,930	19	8
				£ 283,192	19	11

---

for the Year ending September 30, 1904.

	£	s	d
By Gross Profit	33,289	9	11
„ Transfer Fees	109	15	7
„ Interest and Discount	720	4	5

	£ 34,119	9	11

all our requirements as Auditors have been complied with, and we report to the Share-officials of the Company. Shares in other Companies of the par value of £ 660,000 and have seen letters stating that they are held by a Trust Company at this Company's Solicitors there stating that the certificates are in their possession on behalf of the International Marine Communication Company, Limited. Subject to these remarks in view of the state of the Company's affairs as shown by the Books of the Company.

COOPER BROTHERS AND CO., Chartered Accountants, Auditors.

Transaktion der Direktoren erscheint nicht recht verständlich; sie mag jedoch in der inneren Zusammensetzung der Gesellschaft und in ihrem Verhältnis zu den Tochterunternehmungen begründet liegen.

Der Verkauf der shares, welcher von 1902 auf 1903 um rund £ 52 000 zurückgegangen war, wurde 1904 durch 221 vollbezahlte Stücke wieder eingeholt. Die Kreditoren stehen 1902 mit £ 4000 zu Buche, 1904 mit einem Betrage von über £ 12 000.

Ein Vergleich der Kreditseiten der einzelnen Jahrgänge ist kaum möglich, da die Notierung der einzelnen Posten unklar ausgeführt ist. So ist z. B. die Position für Maschinen, Gebäude etc. 1902 mit £ 37 265 angegeben, 1903 ist sie ganz fortgelassen, und statt dessen sind Schiffs- und Küstenstationen mit £ 7262 belastet; 1904 ist hingegen wieder notiert mit £ 31 203; das würde also heißen, daß man das Werkzeug und Arbeitsmaterial verringert hat. In Wirklichkeit liegt das aber lediglich an Schiebungen, welche zu möglichster Unkontrollierbarkeit der Vorgänge angestellt worden sind.

In Deutschland wird es immer mehr als Mißstand empfunden, daß in den Bilanzen, welche unsere Aktien-Gesellschaften veröffentlichen, das Effekten-Konto in Bausch und Bogen behandelt wird, so daß es dem Außenstehenden erschwert und bis zu einem gewissen Grade unmöglich gemacht ist, sich ein genaues Bild der Tätigkeit des Unternehmens zu verschaffen; in England hingegen ist es Usus, dieses Verschleierungssystem möglichst ausgedehnt zu handhaben. Als Beispiel hierfür kann in gewissem Sinne die obenstehende Marconi-Bilanz dienen, nach welcher sich wohl niemand, der nicht direkt zum Geschäftsbetriebe gehört, annähernd genau über Geschäftsgang, Bestand, Einnahme etc. im Detail informieren kann.

Die Summe des Nettogewinnes hat sich innerhalb des letzten Rechnungsjahres wenig gehoben, nur um rund M. 41 000; d. i. außerordentlich gering, wenn man hiermit die Gewinnzahlen anderer industrieller Unternehmungen vergleicht. Aber man darf die eine Tatsache nicht außer acht lassen, daß kein anderer Industriezweig bis jetzt mit solchen Unkosten zu rechnen hat als gerade die drahtlose Telegraphie bei ihren Versuchen und Installationen. Entsprechend diesen Verhältnissen sind auch die Löhne knapp bemessen, indem hierfür nur rund M. 40 000 ausgeworfen sind.

Der Generalgewinn beträgt £ 33 289, also etwa M. 600 000.

Neuerdings, Anfang Juli 1905, wurde beschlossen, das Aktienkapital auf £ 500 000 zu erhöhen.

2. Gesellschaft für drahtlose Telegraphie m. b. H., Berlin SW., Lindenstr. 3.

Am 27. Mai 1903 fand die Fusion der Braun-Siemens-Gesellschaft mit der funkentelegraphischen Abteilung der A. E. G., System Slaby-Arco, statt. Die neue Gesellschaft für drahtlose Telegraphie, Telefunken, wurde als G. m. b. H. mit einem Grundkapital von M. 300 000 unter dem Hinweis begründet, daß letzteres nach Bedarf bis zu einer Höhe von M. 1 000 000 erhöht werden kann. (Diese Erhöhung hat im Dezember 1904 stattgefunden.) Die bis zum August 1904 im Betriebe befindlichen funkentelegraphischen Stationen nach dem System Telefunken waren folgende (siehe S. 26):

Bis zum 30. September 1904 waren installiert: 191 Stationen.
Bis zum 30. September 1903 waren installiert: 163   -
Die Summe aller am 1. Oktober 1904 installierten
  Stationen ergab sich demnach mit: . . . 354   -

Der Umsatz des letzten Geschäftsjahres war zufriedenstellend; die festen Bestellungen für das kommende Jahr waren bereits derartige, daß auf einen lohnenden Absatz zu rechnen ist, wobei noch beachtet werden muß, daß die großen Aufträge erst im Frühjahr erfolgen.

Direktoren: Georg Graf von Arco, Wilhelm Bargmann.

Deutschland: In Deutschland liegt naturgemäß der Schwerpunkt der Tätigkeit von Telefunken, da im wesentlichen aus nationalen Gründen die Kaiserliche Marine das System Slaby-Arco, die Heeresverwaltung die Funkenkarren von Braun-Siemens eingeführt hat. Bedeutend waren im vergangenen Jahre die Bestellungen an Funkenkarren (300 km Reichweite) für den Hererokrieg in Südwest-Afrika. Als neues Verwendungsgebiet der drahtlosen Telegraphie kommen jetzt die Festungen in Betracht. Ferner wird für den Felddienst eine transportable

Land	Küstenstationen		Schiffsstationen		Fahrbare Militär-stationen	Sonstige Stationen	Zusammen	Bemerkungen
	Staatlich	Privat	Kriegs-schiffe	Handels-schiffe				
Deutschland . . .	14	3	74	7	5	17	120	
Dänemark	3	—	3	—	—	—	6	{1 Küstenstation und 1 Feuerschiff in Arbeit.
Schweden	3	—	17	—	2	—	22	
Norwegen	—	—	4	—	—	2	6	
Rußland	3	—	34	—	5	6	48	{1 Küstenstation 1000 km u. 1 Schiffsstation 750 km in Arbeit.
Spanien	1	—	2	—	2	—	5	
England	—	—	—	—	2	—	2	
Siam	—	—	—	—	—	—	—	{2 fahrbare Stationen ab-geschickt
Holland	—	2	3	—	2	1	8	{Es schweben Verhandlg. mit der Post wegen einer 1000 km - Station.
Frankreich	—	2	—	—	—	—	2	{Es schweben Verhandlg. m. d. Post wegen verschie-dener Küstenstationen.
Portugal	.1	—	1	—	—	—	2	
Österreich	1	—	8	—	2	6	17	
Vereinigte Staaten .	5	—	58	—	2	1	66	
Chile	—	—	—	—	—	—	—	{2 fahrbare Stationen ab-geschickt.
Mexiko	2	—	—	—	—	—	2	
Brasilien	2	—	—	—	2	—	4	
Argentinien	—	1	—	—	—	—	1	{2 fahrbare Stationen ab-geschickt.
China	—	—	—	—	—	2	2	
Summa	35	8	204	7	24	35	313	

Type ausgearbeitet, bestehend aus leicht zusammenlegbaren Masten mit Tretdynamo (siehe Figur 7), welche den erforderlichen Strom liefert. Diese Anordnung erlaubt, wie Versuche bewiesen haben, selbst im ungünstigen Terrain Entfernungen bis zu 25 km zu überbrücken.

Rußland: Die Vereinigung des Telefunkensystems mit dem Popoff-System fand im vergangenen Jahre statt. Ferner wurden bedeutende Aufträge erhalten, so fand z. B. die gesamte Ausrüstung des baltischen Geschwaders mit Apparaten der Gesellschaft für drahtlose Telegraphie statt.

Österreich-Ungarn: Hier hat das System große Fortschritte gemacht; sowohl Marine wie Armee machten teils Bestellungen, teils stehen Aufträge für die nächste Zeit in Aussicht.

Schweden, Norwegen, Dänemark: Alle drei Staaten haben das Telefunkensystem eingeführt. Die schwedische Marine ist mit Installationen und Apparaten der Gesellschaft versehen. Die Armee hat nach längeren Versuchen Funkenkarren bestellt. In Norwegen bilden die Post- und Küstenbehörden die Hauptinteressenten. In Dänemark liegen die Verhältnisse ähnlich.

Holland: Aus hartnäckigem Konkurrenzkampf mit der Marconi-Gesellschaft ist die Gesellschaft für drahtlose Telegraphie als Siegerin hervorgegangen; letztere hat den Auftrag auf eine 350 km-Station in Scheveningen erhalten. Diese Station, welche hauptsächlich Schiffahrtsinteressen dient, wird später auf 1000 km Reichweite verstärkt. (Siehe Figuren 13 bis 16 und Beschreibung.)

Frankreich: Mit Rücksicht auf die Tatsache, daß in Frankreich das nationale System Rochefort besteht, sind die wenigstens in den französischen Kolonien erzielten Erfolge gute zu nennen. Die französische Kolonial-Regierung in Tongking hat nach vorzüglich verlaufenen Versuchen mehrere Telefunkenstationen angekauft.

Spanien: Eine Reihe von Militärstationen ist bereits bestellt. Große Aufträge von seiten der Post- und Marinebehörden stehen in Aussicht.

Brasilien, Uruguay, Argentinien, Peru, Siam, Tongking, China haben die Einführung des Systems Telefunken beschlossen.

Staat	Vertretungen	Ort
Europa.		
Belgien	A. E. G. Union Electrique Société anonyme	Brüssel, Rue Royale 156.
Dänemark	Siemens-Schuckert, Dansk Aktieselskab	Kopenhagen, Palaisgade 6.
Finnland	Siemens & Halske, Teknisk Byra	Helsingfors, Mikaelsgatan 5.
Holland	Mijnssen & Co., Allgemeine Elektrizitäts-Gesellschaft, Installationsbureau	Amsterdam, Keizersgracht 205.
Italien	Società Italiana di Elettricità Siemens-Schuckert	Mailand, Via Vittor Hugo 2.
Norwegen	Electricitets Aktieselskabet A. E. G.	Kristiania, Tordenskjoldgade 1.
Schweden	Elektriska Aktiebolaget A. E. G.	Stockholm, 9 Stora Vattugatan.
Österreich-Ungarn	Siemens & Halske, A.-G., Wiener Werk	Wien III/I, Haidenburgerstr. 29.
Spanien und Portugal	A. E. G. Thomson Houston Ibérica	Madrid, 42 Carrera de San Jeronimo.
Türkei und Balkanstaaten	Siemens & Halske, A.-G., Wiener Werk	Wien III/I, Haidenburgerstr. 29.
	Gätjens & Jarke	Hamburg, Alsterdamm 12/13.
Asien.		
Levante	Siemens & Halske, A.-G., Wiener Werk	Wien III/I, Haidenburgerstr. 29.
Ostindien	Schröder, Smidt & Co.	Bremen.
Siam	Paul Pickenpack	Hamburg, Alsterdamm 12/13.
Straits Settlements	Arnold Otto Meyer	Hamburg, Neue Gröningerstr. 18/22.
Tongking-Cochinchina	Speidel & Co.	Saigon.
Niederländisch-Indien	Maintz & Co.	Batavia (Java).
Philippinen		
China und Mandschurei	Arnhold, Karberg & Co.	Berlin, Mohrenstr. 54.
Japan	Achenbach & Co.	Hamburg, Neue Gröningerstr. 10.

Afrika.

Südafrika	A. E. G. Electrical Company of South Africa Ltd.	London, 123—125 Charing Cross Road.
Ägypten	Guido Maroni	Cairo.
Kamerun, Deutsch-Südwest-Afrika, Deutsch-Ost-Afrika und Liberia	C. Woermann	Hamburg, Gr. Reichenstr. (Afrikahaus).

Amerika.

Vereinigte Staaten von Nord-Amerika	Ostheimer Brothers	Philadelphia, 900 Chestnut Street.
Venezuela	Caesar Müller	Caracas, La Guayra.
Ecuador	von Oesterreich & Co. (Banco del Ecuador, Guayaquil)	Hamburg, Ferdinandstr. 52.
Kanada	Munderloh & Co.	Montreal.
Kuba	C. Hempel	Habana, Lamparilla 74.
Argentinien, Paraguay	Juan Carosio, Compañia de Telegrafia sin Hilos de Berlin	Buenos Aires, Suipacha 433.
Uruguay	Ernesto Quincke	Montevideo.
Chile	Saavedra, Bénard & Co.	Valparaiso, Casilla 948.
Mexiko	Enrique Schöndube	Mexiko.
Peru	Brahm y Cia.	Peru.
Brasilien	Siemens & Halske, Representaçao geral para o Brasil	Rio de Janeiro, Rua do Hospicio 116. Caixa do Correio 653.
Kolumbien	Hesse, Newmann & Co.	Hamburg.

Australasien.

Australien	Australian Metal Company Limited	Melbourne.
Neu-Seeland	Hadley & Co.	Aukland.

Mit der Gesellschaft für drahtlose Telegraphie in Verbindung arbeitende Häuser:

Staat		Ort
Rußland	Russische Elektrotechnische Werke, Siemens & Halske, Aktiengesellschaft (System Popoff-Telefunken)	St. Petersburg W. O. 6, Linie 61.
Frankreich und Kolonien	Ateliers Thomson-Houston . .	Paris, 12 Rue de Vaugirard.
England	Siemens, Brothers & Co., Limited	London S.W., 12 Queen Annes Gate, Westminster.
	A. E. G. Foreign Department (Allgemeine Elektrizitäts-Gesellschaft, Berlin) . . .	London W. C., 125 Charing Cross Road.

Vereinigte Staaten von Nordamerika: Hier ist die Konkurrenz naturgemäß am größten, weil sich 4 große Gesellschaften gegenüberstehen. Das wachsende Vertrauen der amerikanischen Regierung zu dem deutschen System geht aus mehreren wichtigen Aufträgen hervor, welche Telefunken erhielt.

Die Vertretungen und die mit der Gesellschaft zusammenarbeitenden Häuser sind aus vorstehender Tabelle (S. 28—30) ersichtlich.

Technische Fortschritte: Die Überlegenheit des Telefunkensystems über die anderen Systeme resultiert hauptsächlich aus 2 Gründen:

1. Beherrschung der theoretischen und praktischen Grundlagen zur Ermittelung der Abstimmung und der günstigsten Kopplung, d. h. zur Erzielung von Störungssicherheit, Energieausnutzung, Wahrung des Depeschengeheimnisses.

2. Vorzügliche konstruktive Durchbildung sämtlicher Apparate, derart, daß sicheres Funktionieren auch in der Hand von Laien gewährleistet ist.

Neu ist ferner die Verbindung eines Hörerapparates mit einem Morseschreiber, derart, daß beide gleichzeitig im Betrieb benutzt werden können. Ebenso ist die Anwendung eines Hörerapparates mit dem normalen Wellenmesser zur Fernwellenmessung (Messung der Wellenlänge des Luftleitergebildes eines entfernten Schiffes, eine Küstenstation etc.) als neue Schaltung hervorzuheben.

Die wichtigsten Punkte jeder Station der drahtlosen Telegraphie sind Reichweite und Abstimmschärfe; beide werden in vorzüglicher Weise durch langsam strahlende, wenig gedämpfte Luftleitergebilde, bestehend aus einfachem Luftdraht mit großer Endkapazität, erreicht. Zahlreiche, alle in Frage kommenden Verhältnisse berücksichtigende Versuche, welche Telefunken angestellt hat, haben die Überlegenheit dieser langsam strahlenden Luftleiter gegenüber den schnell strahlenden, stark gedämpften Fächer- und Trichtergebilden (Marconi) einwandsfrei gezeigt.

Die leicht transportablen Militärstationen (ca. 350 kg) für Kavallerie wurden bereits eingangs erwähnt.

Außer diesen kleinen leichten Stationen werden jetzt fahrbare, in Karren untergebrachte Militärstationen gebaut, welche für Reichweiten von ca. 50 km bei nur 15 m Masthöhe berechnet sind.

Für Unterrichts- und Reklamezwecke ist ein neues Modell des Demonstrationsapparates geschaffen worden. Die hierbei erreichte Abstimmschärfe ist derartig, daß 3 Apparate nebeneinander arbeiten können, ohne sich gegenseitig zu stören. Die maximale Reichweite dieser Demonstrationsapparate beträgt ca. 500 m.

Bilanz: Nach der deutschen Gesetzgebung vom Jahre 1892 sind nur die Bankunternehmungen, welche als G. m. b. H. eingetragen sind, verpflichtet, jährlich ihre Bilanz zu publizieren, wohingegen alle übrigen G. m. b. H. wohl das Recht, aber nicht die Pflicht haben, den Interessenten Einblick in ihre Geschäftstätigkeit zu gewähren. Daher fällt es in Deutschland wohl keiner G. m. b. H. ein, ausführlich ihr Soll und Haben preiszugeben, denn entweder sind die Einnahmen gute, dann erscheint es den Angestellten, Arbeitern etc. gegenüber, welche meist nicht am Gewinn partizipieren, unklug zu sein, die Gewinnziffer mitzuteilen, oder aber es geht einem Unternehmen schlecht, dann würde mit Bekanntmachung der Verluste die Geldflüssigkeit der Gläubiger in den meisten Fällen wohl eingeschränkt werden oder sogar aufhören, die Gesellschaft, die sich vielleicht nur in vorübergehenden Schwierigkeiten befunden hat, ev. ihren Betrieb einstellen müssen.

Von diesen Gesichtspunkten aus betrachtet, kann es der Direktion der Gesellschaft für drahtlose Telegraphie m. b. H. nicht hoch genug angerechnet werden, daß sie, sich über alle kleinlichen Bedenken hinwegsetzend, dem Verfasser in liebenswürdigster Weise Teile ihrer Bilanz etc. zur Veröffentlichung zur Verfügung stellte, so daß auch auf diese Weise zum Studium und zur Beurteilung der G. m. b. H. in Deutschland ein kleiner Beitrag geliefert wird.

Aus dieser Bilanz mögen als besonders interessant folgende Positionen wiedergegeben werden:

Aktiva:

Mobiliar, Werkstatt, Versuchsapparate, Laboratorien, Versuchsstationen, 73 Patente und 6 Gebrauchsmuster stehen mit je 1 M. zu Buch.

Passiva:

Stammkapital, voll eingezahlt . . . . M. 300 000,00

Verlust:

Steuern und Gehälter		M. 67 712,67
Versuche im Laboratorium und auf Versuchsstationen u. auswärtige Vorführungen	M. 73 828,56	
Patentabgaben und Unterhaltung, Reisen und Propaganda	- 64 096,06	
Betriebsunkosten auf eigenen Betriebsanlagen	- 2 754,26	
Umzugs- und Installationsunkosten	- 18 746,60	

Gewinn: Der Betriebsgewinn wird nicht genau angegeben, ist jedoch derartig, daß ein nutzbringendes Arbeiten auch für die Zukunft gewährleistet zu sein scheint.

Besonderes Interesse verdienen folgende Konten[1]): Montage,

---

[1]) Die vorstehenden Konten und Zahlen sind so klar definiert, daß sie für sich selbst sprechen, es erscheint daher überflüssig, einen Kommentar hierzu zu liefern.

Versuche, Patente. Daher sind diese in der nachfolgenden Zusammenstellung für die seit der Bilanz laufenden Monate des Vorjahres und des laufenden Jahres wiedergegeben.

Verbuchung der Gehälter im Rechnungsjahr 1903/04.

	Gehaltkonto M.	Warenkonto M.	Versuchekonto M.	Summe M.
Oktober . . .	8384,20	—	—	8384,20
November . . .	8600,35	—	—	8600,35
Dezember . . .	8693,06	—	—	8693,06
Januar	3002,25	2673,74	3365,70	9041,69
Februar	3119,50	3847,45	3732,05	10699,00
März	3046,50	9132,49	4361,50	16540,49
April	3144,00	6763,55	3876,20	13783,75
Mai	3374,10	7126,00	4313,15	14813,25
Juni	3700,25	10495,48	5332,85	19528,58
Juli	4420,75	13672,98	5187,85	23281,58
August	3805,50	12212,60	5763,50	21781,60
September . .	3540,00	14690,48	6105,50	24335,98
	56830,46	80614,77	42038,30	179483,53

Kosten der Montagen, Versuche und Patente im Rechnungsjahr 1904/05.

	Montagekonto M.	Versuchekonto M.	Patentekonto M.
Oktober	15387,70	8320,34	2164,95
November	19121,79	17044,48	3846,60
Dezember	13057,54	27109,45	7838,83
Januar	9902,74	38280,81	11335,08
Februar	12567,18	48224,57	12091,73
März	22949,75	62187,70	12898,28
April	4831,43	68912,45	14996,18
Mai	14555,79	78198,98	15951,78
Juni	19233,13	90601,96	19803,38
Juli	27046,48	122554,18	21809,83

Besondere Berücksichtigung verdienen die Summen, die für Versuche verausgabt sind, hauptsächlich aus dem Grunde, weil namentlich in Amerika die Ansicht vertreten ist (H. J. Glaubitz, Electrician 1904, p. 566. Nr. 1366), daß Telefunken deshalb so billig liefern könne, weil es die Versuchskosten spare und einfach die Resultate von anderen Gesellschaften und Systemen übernähme. Vorstehende Tabelle zeigt nun evident, wie weit diese Ansicht mit der Wahrheit übereinstimmt. Von Oktober 1904 mit M. 8320 an, beständig von Monat zu Monat steigend, wächst das Versuchskonto und hat im Juni 1905 schon M. 90000 überstiegen. An den Ersparnissen an Versuchskosten kann es also wohl nicht liegen, daß Telefunken billiger liefert als andere Gesellschaften, namentlich wenn man den Umstand in Betracht zieht, daß in Deutschland selten Versuche dispositionslos und ohne genügende vorherige theoretische Überlegung angestellt werden.

Das Hauptverwendungsgebiet der drahtlosen Telegraphie ist nach wie vor der Seeverkehr; hier, wo für eine telegraphische Drahtverbindung nur teuere armierte Unterseekabel in Betracht kommen, tritt die drahtlose Telegraphie als erfolgreicher Konkurrent auf. Ein Vergleich der Anlage- und Unterhaltungskosten zweier Kabelstationen im Abstande von 1200 km und einer funkentelegraphischen Verbindung für gleiche Distanz ist in folgender Zusammenstellung wiedergegeben (siehe S. 35):

Für jedes andere Anwendungsgebiet der Elektrotechnik ist es einfacher, normale Kostenanschläge aufzustellen, als gerade für das Verwendungsgebiet der drahtlosen Telegraphie, weil hierbei die physikalische Beschaffenheit des Geländes zwischen Gebe- und Empfangsstation eine enorme Rolle spielt. Aber nicht nur diese permanenten Verhältnisse sind für Bemessung von 2 Stationen zu berücksichtigen, sondern auch die Einflüsse des Klimas, der Temperatur, der Tageszeit, der Feuchtigkeitsverhältnisse, der Jahreszeit etc. sind von ausschlaggebender Bedeutung, also Faktoren, die z. B. bei dem Beleuchtungsprojekte einer Stadt oder der Kraftanlage für einen industriellen Betrieb fast völlig außer acht gelassen werden können.

Es hat sich beispielsweise herausgestellt, daß eine Station, die für 100 km gebaut wurde, bei dieser Distanz und normaler

Vergleich der Anlage- und Unterhaltungskosten einer Kabelverbindung und einer funkentelegraphischen Verbindung von 1200 km.

<table>
<tr><td>

Kabelanlage.

Anlagekapital . . . . M. 4 310 000
  setzt sich zusammen,
  wie folgt:
Kabel inkl. Verlegung,
  Stromquellen, telegr.
  Apparate inkl. Montage - 4 200 000
Kabelhäuser . . . . -   30 000
Kapital für Grund und
  Boden; Betriebskapital -   80 000
                M. 4 310 000

Jährliche Ausgaben:

I. Verzinsung des Anlage-
  kapitals:
  4 % von M. 4 310 000 . M. 172 400
II. Abschreibungen:
  3 % von M. 4 230 000 . - 126 900
  Instandhaltung d. Kabels
  (angenommen M. 75 pro
  km/Jahr) . . . . -   90 000
III. Betrieb:
  a) Technischer Betrieb:
    Gehälter:
    4 Telegraphisten
    2 Maschinisten
    Telegraphenboten -   18 400
  b) Geschäftl. Betrieb:
    Geschäftsunkosten -   10 000
  c) Techn. Unterhaltungs-
    kosten der Station
    (ohne Kabel):
    Aufladen der Ak-
    kumulatoren etc. . -   600
Jährliche Ausgaben . . . . M. 418 300

</td><td>

Funkentelegraphenanlage
(2 Stationen).

Anlagekapital . . . . . M. 500 000
  setzt sich zusammen, wie
  folgt:
Türme und Apparatehäuser . - 250 000
Stromquelle . . . . -   55 000
Telegr. Apparate inkl. Mon-
  tage . . . . - 115 000
Kapital für Grund u. Boden; .
  Betriebskapital . . . . -   80 000
                M. 500 000

Jährliche Ausgaben:

I. Verzinsung des Anlage-
  kapitals:
  4 % von M. 500 000 . . M. 20 000
II. Abschreibungen:
  15 % von M. 420 000 . - 63 000
III. Betrieb:
  a) Technischer Betrieb:
    Gehälter:
    1 Chefingenieur
    2 Ingenieure
    Telegraphisten
    Maschinenpersonal
    Telegraphenboten . - 30 000
  b) Geschäftl. Betrieb:
    Geschäftsunkosten - 10 000
  c) Techn. Unterhaltungs-
    kosten . . . . - 25 000
Jährliche Ausgaben . . . . M. 148 000

</td></tr>
</table>

Stationstype	Erforderlicher Energiebedarf	Mastzahl	Reichweite in km (über See)
Tragbare Station	ca. 60 Watt	3 M. à 10 m	25 km über normales Gelände
10—30 km-Station	do.	2 M. à 10 oder 1 M. à 20 m 2 M. à 15 oder 1 M. à 25 m 2 M. à 20 oder 1 M. à 35 m	bis 10 km 10—20 km 20—30 km
30—100 km-Station	ca. 0,2 Kw.	2 M. à 10 oder 1 M. à 20 m 2 M. à 15 oder 1 M. à 25 m 2 M. à 25 oder 1 M. à 35 m oder 200 m langer durch Drachen getragener Luftdraht	30—50 km 50—75 km 75—100 km
Torpedoboot-Station	do.	1 M. à 18—20 oder 2 M. à 10 m 200 m langer durch Drachen getragener Luftdraht	maximal 50 km maximal 100 km
100—200 km-Station	ca. 1,5 Kw.	2 M. à 20 oder 1 M. à 30 m 2 M. à 28 oder 1 M à 40 m 2 M. à 35 oder 1 M. à 50 m	100—130 km 130—160 km 160—200 km
200—400 km-Station	ca. 3,5 Kw.	2 M. à 35 m 2 M. à 45 m	200—300 km 300—400 km
400—700 km-Station	ca. 6 Kw.	2 M. à 52 m 2 M. à 50 m	400—550 km 550—700 km
1000—1500 km-Station	ca. 26 Kw.	4 M. à 65 m	—
Normale Funken-karrentype	—	Luftdraht 200 m Länge	ca. 150 km m. Schreiber, 200 km m. Hörer über normales Gelände
Karrenprotz-system	—	Luftdraht 270 m Länge 4 M. à 270 m Länge	ca. 200 km m. Schreiber, ca. 300 km m. Hörer ca. 50 km m. Schreiber

Witterung gut arbeitete, daß die Reichweite bei günstiger Witterung (Nebel oder Nacht) auf 120—140 km stieg, dagegen an Tagen, an denen die Atmosphäre elektrisch gesättigt war, auf 60—80 km herunterging. Aus diesem Grunde wird die primäre Kraftquelle von der Gesellschaft für drahtlose Telegraphie stets so reichlich bemessen, daß derartige Schwankungen ausgeglichen werden.

Ganz unmöglich ist, die Bezeichnung von bestimmten Apparattypen nach Entfernungen beim Arbeiten über Land aufrecht zu erhalten. Ist das Zwischengelände stark bebaut, uneben und womöglich mit hohem saftigen Baumwuchs bewaldet, so muß man eine solche Entfernung 3—5 fach so groß rechnen als die direkte Luftlinie. Im günstigsten Falle dagegen, nämlich über flachen, feuchten, wenig bebauten und bewaldeten Boden, kann man die einfache Länge der Luftlinie für die Auswahl der Apparate zugrunde legen. Einen Überblick über den Zusammenhang zwischen Reichweite, Energiebedarf, Masthöhe und Zahl gibt vorstehende Zusammenstellung (siehe S. 36):

Um wenigstens einen ungefähren Maßstab für die Kosten der Überbrückung bestimmter Entfernungen geben zu können, hat die Gesellschaft für drahtlose Telegraphie normale Apparattypen aufgestellt und diesen als Index eine Zahl beigefügt, welche die ungefähre Kilometerzahl beim Arbeiten über Wasser angeben soll, aber selbst hierbei sollen die Zahlen nur als ungefähre Anhaltspunkte dienen, denn es sind im Kostenanschlag nicht berücksichtigt die beiden wichtigen Faktoren: Masthöhe bezw. Drahtlänge und Drahtzahl einerseits und die Stetigkeit der Übertragung bei verschiedener Witterung andererseits.

Nachstehend ist ein Kostenanschlag (ohne detaillierte Wertangabe) für eine Station von 200—400 km Reichweite abgedruckt, welcher ein Bild der in Frage kommenden Apparate gibt:

I. Äußere Ausrüstung.

Als vorhanden angenommen:

2 Maste à 35 m Höhe		200—300 km
oder	Reichweite	
2 Maste à 45 m Höhe		300—400 km

Der gegenseittge Abstand der Maste muß minim. 50 m betragen und der Zwischenraum für das Luftleitergebilde verfügbar sein.

Geliefert wird:

1 kompl. Luftleitergebilde (Einfachfächer) mit ca. 1000 m Phosphorbronzelitze, einschließlich Stahldrahtseile, Isolatoren, Spann-, Aufhänge- und Aufzugsvorrichtungen, Zuführungskabel und Durchführungen.

II. Stromquelle.

Als vorhanden angenommen:

Gleichstrom von 110 oder 220 Volt[1]).

Erforderlicher Energiebedarf ca. 3,5 Kw.

Geliefert wird:

1 Gleichstrommmotor für 110 oder 220 Volt, direkt gekuppelt mit einem Wechselstromgenerator (Spezialkonstruktionen), auf gemeinsamer eiserner Grundplatte montiert, einschließlich erforderlichen Zubehörs.

1 marmorne Schalttafel mit sämtlichen erforderlichen Meß-, Schalt- und Sicherheitsapparaten, einschließlich Verbindungsleitung und Anschlußklemmen.

III. Telegraphische Apparate.

a) des Gebers.

2 Induktoren, Type J. 7. B.

1 Erregersystem, bestehend aus einer variablen Selbstinduktion für stetig variable Wellen, einer Einrichtung für variable Kopplung und einem Kondensator von 12 Leidener Flaschen, Type G, schallgedämpfter, 6 fach unterteilter Ringfunkenstrecke mit Spannungsteilern und einem Lüftungsventilator. Variabilität der Wellen in den Grenzen von 350—2000 m.

1 Vorrichtung zur stetigen Veränderung der Eigenschwingung des Luftleitergebildes.

1 Morsetaster.

b) des Empfängers.

1 komplette Empfangsvorrichtung mit Schreiber und Hörer, bestehend aus: Vakuumfritter mit auswechselbarem Klopfer, elektrolytischem Detektor und Empfangshauptschalter, auf gemeinsamer Hartgummiplatte montiert, und den erforderlichen Nebenapparaten für Gleichstrom und Schnellfrequenz, Variabilität der Wellen 350—2000 m.

1 Fritterprüfer.

1 Stellfritter mit Füllpulver.

---

[1]) Falls Gleichstrom von der bezeichneten Spannung nicht vorhanden, siehe Nachtrag.

IV. Reserveteile.

  2 Kopftelephone.
  8 Leidener Flaschen Type G. mit Innenanschlüssen.
16 S. Flaschen, außen unbeklebt.
18 Spannungsteiler für die Funkenstrecke des Erregersystems.
  6 Elektroden für die Funkenstrecke.
  6 Platinkontakte für die Morsetaster.
  1 Relais.
  1 Klopfer.
  1 Morsefeder.
  6 elektrolytische Zellen.
20 Vakuumfritter in 2 Mahagonikästen.
  1 Kupferlitze für die Vorrichtung zur Veränderung der Eigenschwingung
     des Luftleiters.
  2 Polarisationsbatterien.
500 m Phosphorbronzelitze.
  4 Hellesen-Elemente Type III.
  4 Hellesen-Elemente Type VI.
  1 Präzisions-Volt-Ampèremeter mit 3 Meßbereichen.
  1 Relaisprüfwiderstand im Holzkasten bis 100000 Ohm.

V. Zubehör- und Installationsmaterial.

1 großer Werkzeugkasten.
1 Blitzschutzvorrichtung.
1 Gewitterumschalter ohne Glasglocke.
  Isolier-, Löt- und Befestigungsmaterial.

Gesamtpreis pro Station M. 25000[1]).

Der genannte Preis pro Station versteht sich loco Berlin, exkl. Maste, Verpackung und Montage.

Nachtrag.

Als Stromquelle offerieren wir, wenn Gleichstrom von 110 resp. 220 Volt nicht vorhanden ist,

1 kompl. Benzindynamo, bestehend aus:
  1 Benzinmotor, inkl. Kühlvorrichtung sowie einschließlich allen sonstigen
     Zubehörs, direkt gekuppelt mit
  1 Gleichstromdynamo für 115/160 Volt, einschließlich Nebenschluß-
     regulator sowie sonstigen Zubehörs, beide Maschinen auf gemeinsamer
     Grundplatte montiert.

---

[1]) Ohne Verbindlichkeit.   Der Verf.

1 stationäre Akkumulatorenbatterie Type J. S. IV, bestehend aus 60 Zellen in Glasgefäßen mit einer Kapazität von 88 Ampèrestunden bei zweistündiger Entladung, einschließlich Holzgestell sowie des sonstigen Zubehörs, jedoch exkl. Säure.

1 Maschinenschalttafel aus Marmor mit allen erforderlichen Schalt-, Meß- und Sicherheitsapparaten, einschließlich Verbindungsleitungen und Anschlußklemmen.

Zum Schluß sind nachfolgend einige der neuesten Apparatekonstruktionen und -kombinationen von Telefunken sowie eine Beschreibung der Station Scheveningen wiedergegeben:

Variabler Kondensator (Figur 2).

Zwischen segmentförmigen Metallplatten, die mit Luftzwischenräumen übereinander angeordnet sind, bewegen sich an einem drehbaren Zapfen angebrachte Metallsegmente. An dem Zapfen ist ein Zeiger befestigt, der über eine in Grade eingeteilte Skala streicht. Die Platten hängen in einem Glasgefäße, welches mit Öl gefüllt werden kann.

Blitzschutzvorrichtung (Figur 3).

Dieselbe besteht aus einer Funkenstrecke, zu welcher eine Spule mit hoher Selbstinduktion parallel geschaltet ist. Die Spule verhindert den Übergang der Hochfrequenzströme zur Erde. Starke atmosphärische Entladungen fließen über die Funkenstrecke zur Erde ab.

H. Z. M. - Apparat (Figur 4).

Der Apparat stellt eine Kombination des Hörempfängers mit der Detektorkapazität dar. Derselbe besteht aus einer Schloemilch-Zelle, Batterie und Nebenapparaten nebst drehbarem Kondensator und Zusatzstöpselkondensatoren.

Karrentischstation (Figur 5).

Dieselbe enthält sämtliche für den Schreib- und Hörempfang benötigten Apparate. Ferner den Taster zum Geben sowie einen Hauptausschalter für die Empfangsstromkreise nebst Blockierungsschalter für den Starkstromgeberkreis. Der Tisch wird für fahrbare Stationen verwendet.

Figur 2.
Variabler Kondensator.

Figur 3.
Blitzschutzvorrichtung.

Motorrad (Figur 6).

Zum Antrieb einer an der Hinterradgabel befestigten Gleichstromdynamo dient der Motor des Rades. Das Hinterrad wird hierbei in ein auf dem Boden stehendes Gestell gehängt. Der Antrieb erfolgt von einer auf der Hinterradachse befestigten Schnurscheibe. Das Rad findet bei tragbaren Stationen Verwendung.

Figur 4.
H.Z.M.-Apparat.

Tretdynamo (Figur 7).

Auf einem fahrradähnlichen Gestell ist eine Gleichstromdynamo montiert. Dieselbe wird durch eine Schnur von einem Vorgelege aus angetrieben, welches seinen Antrieb vermittelst Kette und Kettenrad durch Treten einer Kurbel erhält. Die Tretdynamo wird für tragbare Stationen verwendet.

Figur 6.
Motorrad.

Figur 7.
Tretdynamo.

Vorrichtung zur Veränderung der Eigenschwingung des Luftleiters (Figur 8).

Dieselbe setzt sich aus Selbstinduktion und Kapazität zusammen. Die Selbstinduktion besteht aus blankem Kabel, welches auf einen mit Gewindegängen versehenen Glaszylinder gewickelt wird. Der unbenutzte Kabelabschnitt wird zur Verhütung schädlicher induktiver Einwirkungen auf einen Metallzylinder gerollt. Die Zylinder werden vermittelst Kurbel gedreht und sind mit Feststellvorrichtung versehen. Die Kapazität besteht aus 6 Siemens-Flaschen.

Figur 8.
Vorrichtung zur Veränderung der Eigenschwingung des Luftleiters.

Selbstinduktion für 1000 km-Stationen (Figur 9).

Dieselbe besteht aus einer Spirale aus Kupferrohr. Von den Windungen können Abschnitte durch flexible Kontakte hinzu- und abgeschaltet werden. Die Selbstinduktion ist für große Energiemengen verwendbar.

Glasisolator (Figur 10).

Derselbe dient zum Isolieren der Antennen an den Aufhänge- und Befestigungsstellen und besitzt hohe Isolationsfähigkeit.

Torpedo-Erregergestell (Figur 11).

Der Zylinder aus Isolationsmaterial enthält eine Kapazität aus Leidener Flaschen bestehend. In einem seitlich angebauten

Gehäuse befindet sich die regulierbare Funkenstrecke. Um den Zylinder ist eine Selbstinduktion gewickelt. Durch flexible Kontakte können Abschnitte der Induktionsspirale hinzu- und abgeschaltet werden.

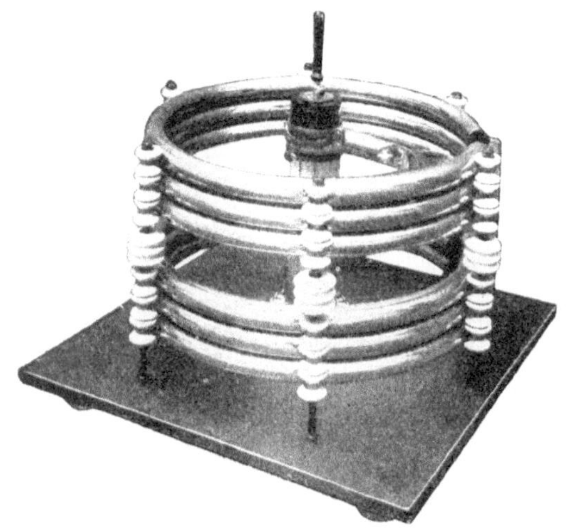

Figur 9.
Selbstinduktion für 1000 km-Station.

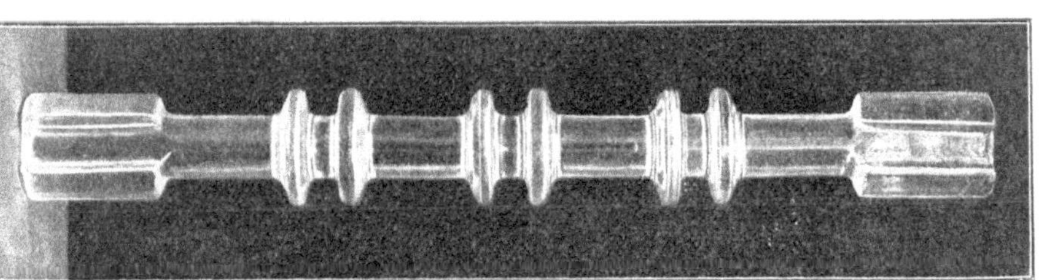

Figur 10.
Glasisolator.

Sechsfach unterteilte Funkenstrecke (Figur 12).

Der Funkenübergang findet zwischen ringförmigen Elektroden statt, wobei die Übergangsstellen kontinuierlich wechseln. Der Abstand der Elektroden kann durch Drehung derselben auf Gewindeführungen reguliert werden. Die Funkenstrecke ist von einem schalldämpfenden Mantel umschlossen.

<table>
<tr><td>Figur 11.
Torpedoerregergestell.</td><td>Figur 12.
Sechsfach unterteilte Funkenstrecke.</td></tr>
</table>

Scheveningen.

Die Funkspruchstation Scheveningen ist für eine Reichweite von 350 km auf Dünen erbaut, in einem Abstande von etwa 75 m von der Nordsee und einer Höhe von rund 5 m über dem Meeresspiegel. Die Station besteht in großen Zügen aus folgenden Einzelheiten:

Luftleitergebilde: Zwei Masten von 45 m und 53 m Höhe, deren gemeinsame Ebene parallel zur ONO-Richtung verläuft, tragen ein Luftnetz von 20 Drähten von 75 bis 80 m Länge, welches so angeordnet ist, daß die obere Seite des Netzes 42 m lang ist. Die untere Netzseite ist um 30 m nach dem Meere zu (SW) vorgeschoben, besitzt eine Länge von ca. 11 m und wird von zwei $3^1/_2$ m hohen Masten, die senkrecht zur NW-Richtung

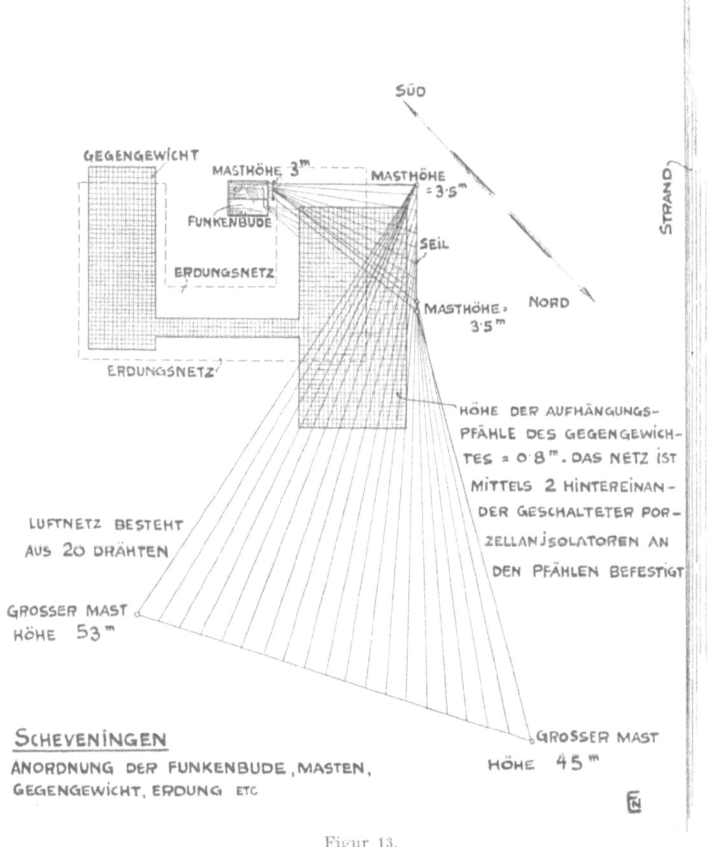

Figur 13.

aufgestellt sind, gehalten. Von hier aus werden die Drähte nach der ca. 12 m südöstlich liegenden Station geführt. Zeichnung 13 gibt den Grundriß des Situationsplanes, während Figur 14 ein Bild der Aufstellung der Maste, des Luftleiters und der Funkenbude darstellt.

Einführung: Die Drähte des Luftleitergebildes sind auf einer mit Isolatoren versehenen Holzlatte, welche an der Funkenbude montiert ist, zusammengeführt. Von dieser Sammelstelle aus findet die Weiterführung der schnellen Schwingungen durch eine Kupferlitze statt, die mittels Hartgummiisolation durch die Wand der Funkenbude hindurchgeführt ist.

Figur 14.
Luftleitergebilde, Scheveningen.

Erdung: Rings um das Stationsgebäude herum ist in $\frac{1}{2}$ m Tiefe ein Netz von Kupfergaze mit einer Gesamtoberfläche von 640 qm eingegraben. An dieses Netz sind 30 Erdplatten von je 0,3 qm Fläche angelötet; letztere sind 2 m tief eingegraben, außerdem ist das Kupferdrahtnetz mit den in $\frac{1}{2}$ m Abstand vom Netz vorbeiführenden Wasserleitungsröhren verbunden. Ferner ist an der Wand des Apparatenraumes Eisengaze be-

Figur 15. Inneres der Funkenbude. Scheveningen.

festigt, welche mit der Kupfergaze außerhalb der Funkenbude durch 14 je 1 m lange Drähte verbunden ist.

Gegengewicht: Das Gegengewicht besitzt eine Oberfläche von 600 qm und ist, wie aus Figur 13 ersichtlich, etwa an derselben Stelle wie das Erdungsnetz über demselben an 0,8 m hohen Pfählen mittels zweier hintereinander geschalteter Isolatoren befestigt. Das Gegengewicht soll ausschließlich benutzt werden, nur falls dieses durch Elementargewalt, z. B. Schneeverwehung etc., zerstört oder beschädigt sein sollte, tritt die Erdung in Funktion.

Apparateraum und Apparate: Figur 15 zeigt das Innere der Funkenbude, welche für die moderne Installation zum Teil typisch ist, während Figur 16 das Schaltungsschema darstellt. Besonders bemerkenswert ist das Erregergestell, das aus 2 Induktoren von 2×50 cm Funkenlänge, zu denen 0,004 Mf. sekundär parallel geschaltet sind, besteht. Erstere speisen eine Flaschenbatterie, deren resultierende Kapazität 16 Siemens-Flaschen (d. h. etwa 16×450 cm) entspricht. Im ganzen wird diese Kapazität durch 4×64 hintereinander geschaltete Flaschen erreicht. Diese Flaschen sind unter der Platte eines Holztisches untergebracht, welcher etwa 1,25 m hoch ist. Auf dem Tische ist die variable Selbstinduktion, die unterteilte Funkenstrecke und die Verkürzungskapazität des Luftleiters untergebracht.

Auf den Nebentischen, in der Figur links dargestellt, stehen die Regulier- und Anlaßwiderstände für den Turbinenunterbrecher, Starkstromtaster, kompletter Hör- und Schreibapparat, Abstimmspule, Lockklingel und Drehkondensatoren. Zwischen den Tischen, auf dem Fußboden des Apparatenraumes, ist in kardanischer Aufhängung der Turbinenunterbrecher aufgestellt.

Der Starkstrom wird von einer Akkumulatorenbatterie von 64 Zellen bei 72 Ampère Entladestromstärke geliefert. Eine Benzindynamo von 5 P.S. Leistung speist diese Batterie, deren Strom durch die oben erwähnte Quecksilberturbine unterbrochen wird.

Resultate: Seit ihrer Inbetriebnahme hat die Station vorzüglich gearbeitet. So wurde während der im März stattfindenden Kaiserreise Verständigung mit der „Hamburg" (Hapag)

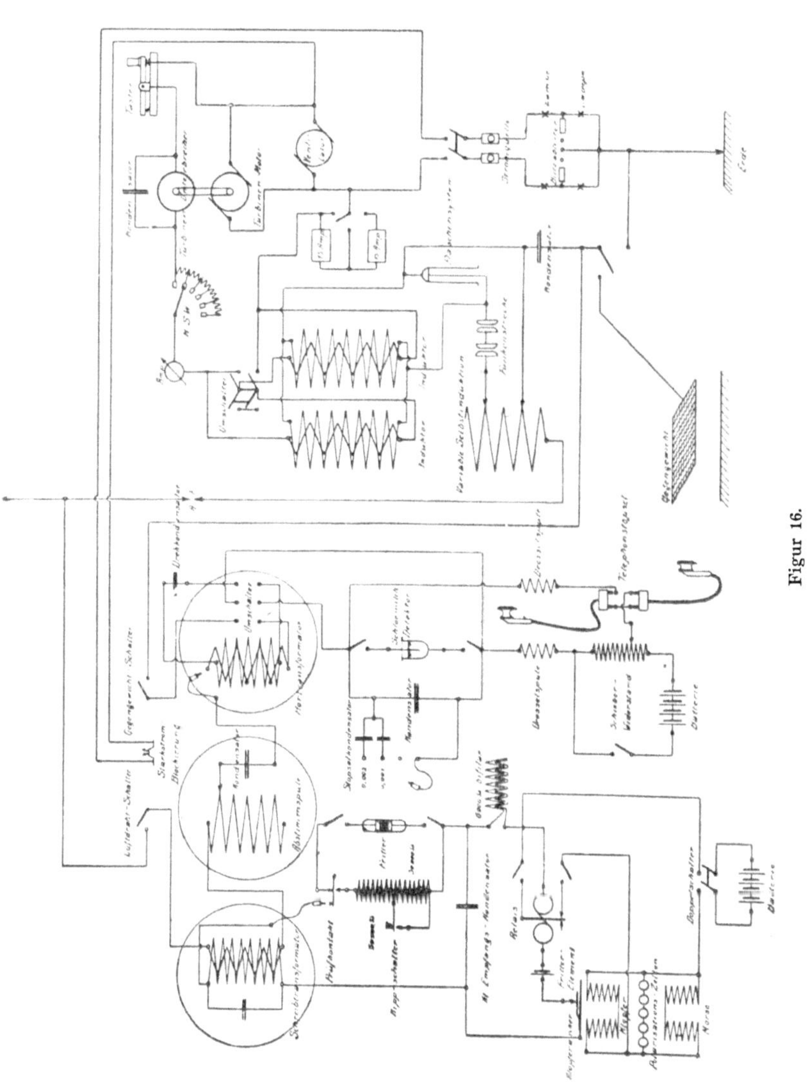

Figur 16.
Schaltungsschema, Scheveningen.

bis auf 400 km erzielt. Die Station wird wahrscheinlich demnächst vergrößert und zu einer sogenannten 1000 km-Station ausgebaut werden.

3. National Electric Signaling Co., Washington, E. C. Eigth and Water Street.

1. Technik des Systems: Das Fessenden-System unterscheidet sich hauptsächlich von den anderen Systemen durch Anwendung sogenannter „halbfreier Ätherwellen" an Stelle der sonst üblichen elektromagnetischen Kugelwellen, welche zuerst von Hertz benutzt wurden. Ferner betätigt Fessenden seinen Sendekreis während des Gebens permanent, während wohl fast alle anderen Anordnungen intermittierend arbeiten. Die Fessenden-Empfangsstation erhält daher kontinuierliche Wellen, welche auf nebeneinander angeordnete, verschieden abgestimmte Luftdrähte auftreffen. Zur eigentlichen Nachrichtenübermittlung wird die Periodenzahl des Gebers in Resonanz oder außer Resonanz während gewisser Zeitabschnitte mit dem Empfänger gebracht, was durch einen mit Öl gefüllten und mit mehreren parallel angeordneten Drähten mit dazu gehörigen Kontakthebeln, welche in einem Kasten angeordnet sind, bewirkt wird. Die genaue Kenntnis der angewandten Wellenlänge spielt hierbei für den Empfangenden die Hauptrolle. Die wichtigsten Kennzeichen des Fessenden-Systems sind nach Angaben der Signaling Co. folgende:

a) Der Gebrauch eines Luftleiters auf der Sendestation, welcher nicht nur geerdet, sondern auch mit einer leitenden Fläche, welche ihn in ca. $^1/_4$ Wellenlänge Abstand umgibt, verbunden ist.

b) Der Gebrauch eines scharf abgestimmten Hilfsstromkreises am Sender, um die Schwingungen zu verstärken.

c) Die Methode des Zeichengebens, dadurch, daß bei Resonanz oder Nichtresonanz die Schwingungen ausgesandt bezw. zurückgehalten werden.

d) Der Gebrauch mehrerer Antennen, welche vertikal und parallel angeordnet sind.

e) Die praktisch permanente Erzeugung von elektromagnetischen Wellen.

f) Die Methode, elektrische Strahlen von jeder gewünschten Frequenz zu erhalten mit Hilfe eines Gleichstromes ohne Unterbrecher.

g) Die Art und Weise, elektrische Wellen in Gruppen hervorzubringen, welche eine bestimmte Frequenz besitzen; sowohl wenn die Frequenz dieser Gruppen dieselbe ist wie des Geberkreises, als auch wenn sie, unabhängig von diesem, eine andere ist.

Figur 17.
Körnerfritter.

h) Die Methode, konstante Kapazität und Selbstinduktion zu erhalten durch den Gebrauch von Metallmasten und Stützen, welche von Drosselspulen umgeben sind, um eine Energieabsorption zu verhindern.

i) Der Gebrauch eines „Wellenleitapparates“, um die Wellen über Städte und Hindernisse hinwegzuleiten.

k) Die Anwendung eines Mittels, welches den Vertikaldraht umgibt, um mit einem kleinen Luftdraht dieselbe Wirkung zu erzielen wie mit einem größeren.

An der Empfangsstation sind die wichtigsten Punkte, in denen sich das Fessenden-System von anderen Systemen unterscheidet:

a) Der Gebrauch eines Stromindikators an Stelle eines Spannungsindikators. Der Stromindikator ist nicht nur viel empfindlicher wie der Kohärer, sondern kann auch viel schärfer abgestimmt werden. Mit Stromindikatoren kann Resonanz von 400% erzielt werden, während die besten mit Kohärern erzielten Resultate weniger als 10% ergaben.

b) Durch Anordnung eines integrierenden Detektors, d. h. eines solchen, bei welchem die gesamte Empfangsenergie zur Herstellung von Zeichen benutzt wird.

c) Der Gebrauch eines geschlossenen, abgestimmten Schwingungskreises an Stelle eines offenen, da ersterer leicht abgestimmt werden kann.

d) Die Anwendung eines Empfängers, der nicht allein auf die Gruppenfrequenz des Senders abgestimmt ist.

Figur 18.
Bolometer-Konstruktion.

Im vorstehenden Programm hat Fessenden ungefähr alles ausgesprochen, was zu erstreben ist; denn falls sich diese Angaben voll und ganz bewahrheiten, verfügt die Signaling Co. über abgestimmte und gerichtete Telegraphie.

Apparate: Die Gesellschaft verkauft laut Katalog ein Standard-Apparatesystem mit einer Reichweite von 250 miles über Land oder 750 miles über See. Größere Reichweiten müssen besonders hergestellt werden, da sie nicht normal sind. Drahtlose Telephonstationen werden für 25, 50 und 100 miles normal hergestellt.

Figuren 17 bis 24 stellen einige Apparate der Fessenden Co. dar. 17 ist eine Klopferanordnung mit Körnerfritter, welche nur für kleine Entfernungen in Betracht kommt; 18 und 19 sind Bolometer-Konstruktionen, die bereits historisch geworden sind; 20 stellt einen elektromagnetischen Detektor nach

Fessenden dar; 21 ist eine Ausführungsform des „Barretter“, d. h. des elektrolytischen Detektors, welchen die Signaling Co. namentlich für größere Reichweiten anwendet; 22 zeigt einen Kohärer mit angeblich vollkommenem Kontakt; 23 ist eine

Figur 19.
Bolometer-Konstruktion.

Figur 20.
Elektromagnetischer Fessenden-Detektor.

von Solari vorgeschlagene Konstruktionsform des Brown-Mikrophonempfängers, und schließlich 24 zeigt eine Abbildung des rotierenden selbstentfritteten Fessenden-Kohärers.

Alle diese Apparate zeigen eine eigenartige gedrungene Ausführungsform, namentlich im Vergleich mit den Konstruk-

tionen, welche die europäischen Firmen liefern, die zwar auch
für die Hand des Laien gearbeitet sind, aber doch ein äußerst
gefälliges Äußere zeigen (siehe z. B. die Tischstation von Telefunken).

Figur 21.
Barretter.

Figur 22.
Kontaktkohärer.

Schiffsinstallationen: Diese Installationen sollten ursprünglich
das Hauptanwendungsgebiet des Fessenden-Systems bilden. Die
Wichtigkeit der kommerziellen Stationen, welche für einen
billigen Preis geliefert werden können und leicht zu handhaben
sind, ist von der Signaling Co. klar erkannt worden. Sie sagt
hierüber folgendes:

„Im Schiffsverkehr muß die drahtlose Telegraphie eine einzige Stellung einnehmen. Kein Passagierdampfer sollte für voll angesehen werden, der nicht mit drahtloser Telegraphie ausgerüstet ist. Es ist verständlich, daß alle Schiffe, die draht-

Figur 23.
Brown-Mikrophonempfänger.

Figur 24.
Rotierende Kohärervorrichtung.

lose Telegraphie an Bord führen, mit einem großen Sicherheitsfaktor arbeiten, außerdem kommt noch die Annehmlichkeit hinzu, täglich Neuigkeiten vom Lande zu erhalten. Im Falle daß auf See Feuer ausbricht, kann das mit drahtloser Telegraphie ausgerüstete Schiff stets Hilfe von den Schiffen erbitten, welche sich auf der Route befinden; außerdem werden Zusammenstöße ganz vermieden. Die täglichen Wetterberichte (diese waren bekanntlich der Ausgangspunkt des Fessenden-Systems) und die Nebelwarnung sind wichtige Vorteile der drahtlosen Telegraphie."

„Aber obwohl alle Küstenstationen, einschließlich des Lloyd, durch das internationale Protokoll verpflichtet sind, Telegramme ohne Rücksicht auf das System anzunehmen und zu befördern, sollte man nur das System der drahtlosen Telegraphie populär machen, welches sich durch Einfachheit und Übersichtlichkeit der ganzen Anordnung auszeichnet, so daß sich auch der Laie einer drahtlosen Station bedienen kann, wie man etwa eine Telephonverbindung herstellt."

Diesen letzten wichtigen Hinweis sollten sich alle Systeme vor Augen halten, denn eine derartige Anordnung dürfte für die allgemeine Einführung der drahtlosen Telegraphie ein Haupterfordernis sein.

Sonstige Installationen: Bei großen ausgedehnten Ländereien, welche abseits von Verkehrszentren liegen, soll sich nach Ansicht der Signaling Co. die drahtlose Telegraphie ganz besonders gut bewähren, indem die Verlegung von Kabeln oder Oberleitungen viel zu kostspielig werden würde. Für amerikanische Verhältnisse gelten folgende Zahlen:

Kosten der Beschaffung und Verlegung eines Kabels . .	$ 1000	per mile.
Kosten der Beschaffung und Verlegung einer Oberleitung	$ 300	- -
Kosten der Beschaffung und Errichtung zweier drahtloser Stationen	$ *100*	- -
Jährliche Unterhaltungs- und Reparaturkosten eines Kabels	$ 100	- -
Jährliche Unterhaltungs- und Reparaturkosten einer Oberleitung	$ 30	- -
Jährliche Unterhaltungs- und Reparaturkosten zweier drahtloser Stationen	$ *5*	- -

Hieraus ist ersichtlich, daß eine Gesellschaft, welche drahtlose Stationen auf eigene Rechnung betreibt, mit drahtloser Telegraphie ganz gute Geschäfte macht, während sie bei Oberleitung kaum bestehen könnte. Kabelbenutzung wäre in solchem Falle vollständig ausgeschlossen. Fessenden rechnet aus, daß die Kosten für Reparaturen einer Oberleitung höhere sind als die Gesamt-Installationskosten für zwei korrespondierende drahtlose Stationen. Es sind in letzter Zeit mehrere Fälle vorgekommen, welche diese Kalkulationen bestätigt haben (z. B. die von Telefunken ausgeführte Station am Amazonas etc.).

Daß für Verbindung von Inseln, bei denen wegen der Meeresbewegung Kabel nicht in Frage kommen, drahtlose Telegraphie die einzig mögliche Nachrichtenübermittlung bildet, wird schon jetzt allgemein anerkannt.

Auch für Gegenden, welche oft von heftigen Stürmen heimgesucht werden (z. B. Florida), ist wegen Drahtbrüchen drahtlose Telegraphie allein am Platz.

Störungsfreiheit: Der Unterschied zwischen einem scharf abgestimmten und einem weniger scharf abgestimmten System trat während der Marineversuche bei Fortress Monroe klar zutage, als die anderen konkurrierenden Systeme, mit Ausnahme des Slaby-Arco-Systems, keine Zeichen empfingen, während die Fessenden-Apparate gut arbeiteten.

Am 23. August 1904 machte die Marine abschließende Versuche mit dem Fessenden-System über Störungsfreiheit. Drei zweipferdige Stationen mit 40 m hohen Masten waren im Abstande von 5 miles aufgestellt, 1000 yards bezw. 300 yards von der Empfangsstation entfernt; dabei wurde eine zehnpferdige Station mit 200 Fuß hohen Masten, 174 yards entfernt, aufgestellt, ohne stören zu können. Erst als die Energie bedeutend verstärkt wurde, war es unmöglich, Telegramme an den erstgenannten Empfangsstationen aufzunehmen.

Atmosphärische Störungen sind angeblich beim Fessenden-System vollkommen ausgeschlossen.

Patentangelegenheiten: Im Kataloge der Signaling Co. ist vermerkt, daß das Fessenden-System kein Patent einer anderen Gesellschaft verletzt. Nach Lage der Dinge scheint dieses aber nicht ganz zuzutreffen; denn es findet z. B. wegen der Priorität der elektrolytischen Zelle gegenwärtig ein erbitterter Patentprozeß zwischen Fessenden, Vreeland, Shoemaker und anderen statt. Nicht ohne Interesse ist daher ein Auszug aus einem Gutachten, welches zu Reklamezwecken die Fessenden Co. bei einer der angesehensten Patentanwaltsfirmen der U. S. A. hat ausfertigen lassen. Es heißt da u. a.:

„In der Durchführung unserer Nachforschung haben wir die Unterstützung aller Urkunden des amerikanischen Patentamtes, welche nicht geheim gehalten werden, gehabt. Aber unsere Nachforschungen sind in Ergänzung dessen unabhängig und erschöpfend sowohl hier wie in Washington und im Ausland verfolgt worden. In Beantwortung der ersten Frage geht unser Gutachten dahin, daß sie von allen wesentlichen und wertvollen Teilen des Fessenden-Systems, ohne wirkliche Verletzung irgend welcher zu Recht bestehender Patente, die anderen gehören, Gebrauch machen können. Im Anhange I—VI geben wir unsere Gründe für dieses Gutachten, speziell für die Fälle gewisser wichtigerer Patente, welche andere, und zwar Marconi, Lodge, Edison, Dolbear, Stone etc. besitzen.

In bezug auf die zweite Frage ist unser Gutachten dahin lautend, daß die Fessenden-Patente gut und zu Recht bestehend sind.

Wir glauben, daß der im Anhang VII ausgedrückte Standpunkt vertreten werden kann, daß Herr Fessenden wertvolle praktische Beiträge zu diesem Zweig geliefert.hat, die von seinen Konkurrenten erworben werden müssen, wenn letztere erfolgreich mit ihm konkurrieren wollen, und daß die Fessenden-Patente als ein Ganzes diese Aneignung verhindern und deren Besitzern praktisch ein Monopol der Fessenden-Verbesserungen sichern werden."

4. American de Forest Wireless Telegraph Company, 42 Broadway, New York.

Die American de Forest Wireless Telegraph Company wurde am 5. Januar 1903 in Kittery gegründet. Das Betriebskapital wurde auf $ 500 000 festgesetzt und in Form von Vorzugsaktien (Preferred shares) und Obligationen (Participative) aufgebracht.

Direktoren der Gesellschaft:

> Dr. Lee de Forest, Ph. D. Yale, Techn. Direktor;
> A. White, Präsident Greater New York Security Co.;
> Ferdinand W. Peck, Finanzier, Chicago, Ill.; Henry Doscher, Finanzier und Teilhaber der Stand & Terracotta Co.; C. C. Galbraith, Direktor Armour Co.;
> W. N. Hartle der Title Guarantes & Trust Co.;
> M. M. Mac Rae der Firma Strawbridge Clothier, Philadelphia, Pa.; Clarence, G. Tompkins der Berkshire;
> Dr. Samuel V. Abel.

De Forest Wireless Telegraph Syndicate Ltd., London: Die Eintragung dieser Firma in das englische Handelsregister fand am 18. Juli 1905 statt. Das Betriebskapital wurde auf £ 120 000 festgesetzt; dasselbe soll in Anteilen, das Stück zu £ 1, ausgegeben werden.

Die Zeichner sind: Lord Armstrong, A. M. Greenfell, S. S. Bojesen, N. Maskelyne (Elektroingenieur), H. Malpas, A. H. Leslie und G. Harland.

Dominion De Forest Wireless Telegraph Co. Ltd. (Canada); Zentral-Bureau, 160 St. James Street, Montreal, Quebec: Kapital $ 1 200 000, in Aktien das Stühk zu $ 500. Konsortium und Direktoren: T. Bertiaume, E. A. Brassard, F. X. Butler, L. De Forest, E. W. Humphrey, L. J. Lemieux, A. White.

Eigenart des Systems: Die Schaltungsanordnung für den Sender weist, außer einigen kleinen Abänderungen, gegenüber anderen Systemen keine Besonderheit auf. Eine derartige Anordnung für gerichtete Telegraphie ist weiter unten ausführlich beschrieben. Das Charakteristikum des de Forest-Systems beruht wohl nur auf der Anwendung eines elektrolytischen Wellenindikators, „Responder" genannt, welcher mit Hilfe eines Telephons die elektrischen Schwingungen kenntlich macht.

Dieser „Responder" basiert auf einem schon von Schäfer u. a. gefundenen Prinzip: nämlich der Bildung mikroskopisch kleiner Wasserstoffbläschen an in feuchter Paste gelagerten Metallkörpern, sobald diese von Schwingungen getroffen werden. In Figur 25 ist ein derartiger „Responder" dargestellt, und zwar einmal in der Ruhestellung, in welcher Strom durch den Indikator hindurchfließt, also kleine Metallteile, die in einer Paste eingebettet sind, den Strom J leiten; dieses ist schematisch durch die Längsstriche angedeutet. In der darunter befindlichen Skizze ist der Wellenempfänger in der Stellung, in welcher er durch Auftreffen von schnellen Schwingungen nichtleitend geworden ist, abgebildet; die leitenden Strombrücken sind unterbrochen. Das jedesmalige Leitend- resp. Nichtleitendwerden des Indikators kommt durch ein Knacken im Telephon zum Ausdruck. Auf diese Weise können Zeichen abgehört werden. Der Responder geht sehr schnell und von selbst auf seinen Anfangszustand zurück und zeichnet sich angeblich durch große Empfindlichkeit aus.

Figur 25 oben zeigt ein für die Gebeeinrichtung zugrunde gelegtes Schaltungsschema, und zwar nach Angabe von de Forest für „gerichtete Telegraphie". Die Wechselstrommaschine A

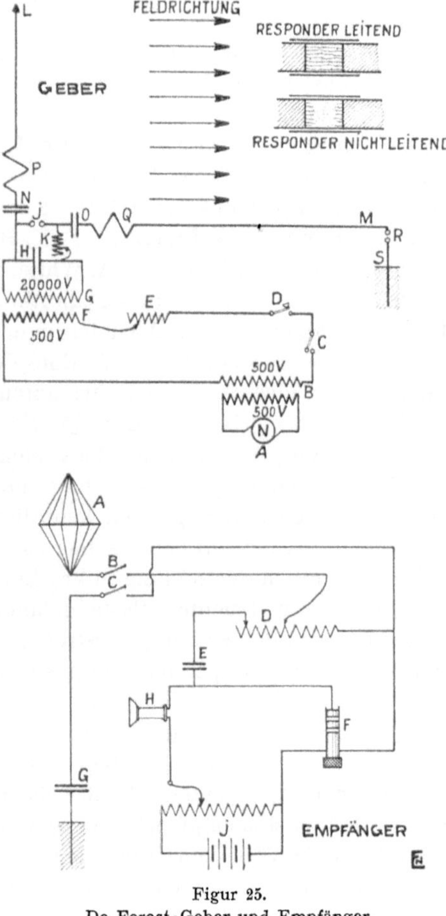

Figur 25.
De Forest-Geber und Empfänger.

erzeugt Strom von 500 Volt, der durch einen Transformator B mit dem Transformationsverhältnis 1 in den primären Niederspannungskreis eingeführt wird. Der Niederspannungstransformator B soll event. Rückwirkungen des Hochspannungskreises auf die Maschine verhindern. Im Niederspannungskreise liegt außer der Primärinduktorwicklung der variable Widerstand E, der Taster D und der Schalter C. Besonders bemerkenswert ist hierbei die Konstruktion des Tasters D, der auf einem Kasten mit einem durch dessen Wand hindurchgeführten Hebel angeordnet ist. Letzterer hat die Aufgabe, den Hauptstrom zu unterbrechen, wenn der darüber befindliche Taster betätigt wird (Figur 26). Für Stromstärken bis zu 6 Ampere wird der Kasten mit Luft gefüllt; bei höheren Stromstärken wird mit Ölfüllung oder neuerdings auch mit Preßluft gearbeitet. Die in diesem Kreise vorhandenen 500 Volt werden durch den Induktor F G auf 20 000 Volt herauftransformiert. Durch Entladung der Leidener Flaschen H (etwa 0,006 Mf.) werden in dem Kreise J K H schnelle Schwingungen erzeugt, die die Luftdrähte L und M erregen. Die Selbstinduktion des Schwingungskreises J K H kann durch die variable, aus nickelplattiertem Kupferrohr hergestellte Spirale verändert werden. Die Luftdrähte L und M sind bei der hier gezeichneten Schaltung für gerichtete Telegraphie mittels der Kondensatoren O und N und der Spulen P und Q an die Funkenstrecke J angeschlossen. Der senkrecht emporgeführte Luftdraht L wird vorteilhaft auf eine Viertelwellenlänge, der parallel zum Erdboden ausgespannte Draht M auf Dreiviertelwellenlänge abgestimmt. Letzterer ist an seinem, der Funkenstrecke J entgegengesetzten Ende durch die kleine Funkenstrecke R mit der Erde verbunden. Nach Ansicht von de Forest werden die von L erzeugten Schwingungen in der von L M gebildeten Ebene zusammengedrängt, daher auch in dieser Ebene eine Vorzugsrichtung besitzen und etwa in der durch Pfeile markierten Weise verlaufen. Es werden nämlich L und M, bevor der Hauptfunke in J stattfindet, entgegengesetzt geladen, und die dann bei dem Ausgleiche der Ladungen entstehenden Kräfte gehen hauptsächlich in der Ebene L M vor sich. Sobald der Hauptfunke übergegangen ist, findet der Ausgleich durch den Nebenfunken R nach Erde statt und ruft wiederum eine Schwingung in Richtung L M hervor.

Die Empfängerschaltung ist aus Figur 25, unten, ersichtlich. Mittels des als Doppelkegel ausgebildeten Luftleiters A werden die Wellen aufgefangen und gehen durch den Schalter B, durch die mit Schleifkontakten versehene Spule D und den Kondensater E zum „Respondor" F, der andererseits durch den Schalter C und den Kondensator C_1 geerdet ist. Am Detektor liegt in bekannter Weise das Telephon H und die Potentiometeranordnung J.

Figur 26.
De Forest-Geber.

Ausstellung St. Louis: Der de Forest Observation Tower, von dem aus 3—5000 Worte täglich, in Abschnitten zwischen 25 und 35 Worten per Minute variierend, an zwei Zeitungsredaktionen übermittelt wurden, war 300 Fuß hoch. Ein 2 Kw.-Wechselstromgenerator von 60 Perioden und 110 Volt lieferte die Kraft, welche von einem Umformer auf die erforderliche Spannung von 20 000 Volt herauftransformiert wurde. Es stellte sich hierbei heraus, daß Telegramme auf 105 Meilen empfangen werden konnten, was einer Entfernung von St. Louis etwa bis Springfield entspricht.

Die drahtlose Telegraphenausstellung im Government Building hatte 2 Satz Apparate im Betrieb, welche von dem U. S. Signalkorps und drei anderen Ausstellern ausgestellt waren. Das Elektrizitätsgebäude war mit 2 Stationen ausgerüstet; die eine stand mit dem Fort Wayne in Verbindung, die andere war in dem de Forest-Gebäude installiert. Bei den 3 letzteren waren 75 Fuß hohe, schlanke Holztürme errichtet, mit Netzen von feinem Draht versehen, welche von der Spitze herunterhingen und von dem Boden aus zugespitzt waren. Der Primärstrom wurde durch den oben angegebenen Umformer auf die Spannung von 20 000 Volt umgewandelt. Der Sekundärstromkreis enthielt 18 Flaschen von 0,013 Mfd. Kapazität, die Funkenstrecke, das Luftnetz und die Erdverbindung. Ein im Mainhouse stationierter Experimentator konnte seinen Empfangsapparat auf die Telegramme, welche von der Fort Wayne-Station, die in demselben Gebäude ungefähr 400 Fuß von der Tower-Station oder von der auf dem Arthill errichteten Long Distance-Station entfernt war, ungefähr auf eine Entfernung von $^1/_2$ Meile abstimmen. Die letztgenannte Station hatte das größte Luftnetz von allen auf dem Ausstellungskomplex errichteten Stationen. Dieses hing in einer Höhe von ungefähr 210 Fuß an einem 40 Fuß langen Arm, der von einem Holzgestell gestützt wurde, herunter. Ein horizontaler Draht zog sich an dem eben erwähnten Überbrückungsarm entlang, und 20 vertikale Drähte von je 250 Fuß Länge im Durchschnitt waren mit diesem verbunden, die durch Abspannvorrichtungen nach außen gebogen waren. Die Antennen gingen in zwei Abteilungen von je 10 Drähten zum Dache des Gebäudes, von wo die Telegramme ausgesandt wurden. Die Empfangsantennen befanden sich hiervon vollständig getrennt in einem Hause am Fuße des Mastes. Die Erdung bestand aus Kupferplatten mit einer Ausdehnung von 140 sq. ft. über der Erde und 8 Fuß Tiefe. Außerdem waren Vorkehrungen getroffen worden, die Erde um diese Platten herum vollständig feucht zu halten. Telegramme wurden von dieser Station nach Springfield gesandt und dort mittels Telephon aufgefangen. Ein ähnlicher Überlanddienst mit Chicago und Kansas City sollte eingerichtet werden, sobald an diesen beiden Plätzen Empfangsstationen errichtet worden waren. Zwei Motorkarren, mit drahtloser Telegraphie ausgerüstet, waren ebenfalls ausgestellt. Von der New York Corb Börse zu den Bureaus der Kommissionäre in Broad Wall Str. hatte man mit Hilfe der drahtlosen Telegraphie sehr erfolgreich Kursnotierungen übermittelt. Nach einem Reutertelegramm soll eine Verbindung mittels drahtloser Telegraphie zwischen St. Louis und Chicago — Entfernung von 300 Meilen — fertiggestellt worden sein. Hierbei soll Mr. W. E. Goldsborough, der Chef der elektrischen Abteilung der Ausstellung, am 14. August folgendes Telegramm gesandt haben: „Ich habe die Ehre, als Sachverständiger melden zu können, daß jedes von St. Louis gesandte Telegramm mit absoluter Genauigkeit in Chicago aufgenommen werden konnte."

5. The Lodge-Muirhead Wireless and General Telegraphy Syndicate Limited. 12 Carteret Street. Westminster.
London S. W.

Die Direktoren der Gesellschaft sind: Dr. Alex and Messrs. H. J. and F. L. Muirhead.

Das Kapital beträgt £ 30 000 und ist in gewöhnlichen Aktien, das Stück zu £ 1, und £ 20 000 in Vorzugsaktien, das Stück ebenfalls zu £ 1, ausgegeben. Von diesen sind 23 007 gewöhnliche Aktien und 13 151 Vorzugsaktien bezahlt oder so gut wie bezahlt.

6. Johnson Secret Wireless Telegraph & Telephone Syn. (Ltd.)
Reg. Office: 40 King Street. Cheapside. London E. C.

Das Betriebskapital ist in 15 000 Aktien, das Stück zu £ 1, festgelegt. Die Gesellschaft beabsichtigt, die Patente des Johnson-Systems der drahtlosen Telegraphie und Telephonie auszubeuten.

7. General International Wireless Telegraph & Telephone Co.
(Ltd.)

System Orling-Armstrong, Ausbeutung der Patente von Armstrong und Orling.

8. Eastern Telegraph Co. Ltd.
London. 11 Old Broad Street. E. C.

Verwertung der Maskelyne-Patente.

9. Anglo American Telegraph Co. General Offices of the Company: 26 Old Broad Street, London E. C.

Bisher Versuchsgesellschaft.

10. Syndikat für drahtlose Telegraphie, G. m. b. H., Berlin N. W. 87, Waldstr. 33.

Gegenstand des Unternehmens:

a) Erwerb und Verwertung von Erfindungen, Patentrechten und Apparaten auf dem Gebiet der Elektrotechnik im allgemeinen und der drahtlosen Telegraphie im besonderen sowie auf dem Gebiet der Feinmechanik und Maschinenindustrie.

b) Herstellung und Vertrieb derartiger Apparate und Anlagen.

c) Beteiligung an diesbezüglichen anderen Unternehmungen.

Das Stammkapital beträgt M. 100 000. Geschäftsführer: Der Kaufmann Wilhelm Horwitz in Berlin, der Ingenieur Hermann Heinicke in Steglitz.

11. Welt-Syndikat Engisch. Drahtlose Telegraphie und Telephonie, G. m. b. H., Berlin C., Prenzlauerstr. 46.

Gegenstand des Unternehmens: Verwertung von Patenten des Elektrotechnikers G. Engisch auf dem Gebiete der Telegraphie und Telephonie ohne Draht.

Das Stammkapital beträgt 200000 M.

Geschäftsführer: Kaufmann A. Deter in Berlin, Rittmeister a. D. M. Ehrhardt in Berlin.

12. Lesemanns drahtlose Telegraphie, System Corresfunken und Typfunken, Braunschweig, Hamburgerstr. 35a.

13. Schneider & Wesenfeld, G. m. b. H., in Langenfeld
bei Düsseldorf.

Anfertigung von Apparaten zur Ausübung der Telegraphie ohne Draht.

14. Société anonyme Mors. 48 Rue du Théâtre, Paris.

System Rochefort. Télégraphie sans fil. Angewendet vom Kriegsministerium, der Marine und in den Kolonien. Installationen unter Garantie. Zuletzt ausgeführte Installation: Compagnie de l'Ouest von Dieppe nach New-Haven.

D. Assekuranz.

In einem bei weitem noch nicht genügenden Maße wird der Wert der drahtlosen Telegraphie von den Assekuranz-Gesellschaften und den damit in Zusammenhang stehenden Kreisen erkannt. Die Seeschadenversicherung wie auch die meisten andéren Versicherungen besteht bekanntlich darin, daß die Ungewißheit, bestimmte Werte (Mannschaft, Ladung etc.) zu besitzen, den Versicherten durch den Versicherer abgenommen wird. Nun wird die Besitz-Ungewißheit eines Schiffes in Friedenszeiten fast allein durch elementare Gewalten herbeigeführt, und dank der Benutzung sämtlicher technischer Hilfskräfte besteht die Hauptgefahr für ein modernes Fahrzeug fast ausschließlich nur noch in Kollisionen, welche durch unsichtige Luft, Nebel etc. herbeigeführt werden. Hier hat man nun in der drahtlosen Telegraphie ein vorzügliches Schutzmittel, indem sowohl die auf dem Schiffe wie die auf dem Lande untergebrachten Apparate ev. automatisch in Dienst treten können. Der Sicherheitsfaktor, mit welchem ein mit funkentelegraphischen Apparaten ausgerüstetes Schiff die Meere befährt, ist also ungleich größer als derjenige eines Fahrzeuges ohne funkentelegraphische Ausrüstung; das Risiko ist bei nur ganz geringem Kostenaufwande außerordentlich gesunken.

Auch für das in Gefahr befindliche Schiff ist die drahtlose Telegraphie von höchstem Wert, da Hilfsmittel, Rettungsmannschaften etc. von der nächsten Küstenstation requiriert werden können. Ein Beispiel hierfür ist in „Überall“, Zeitschrift für Armee und Marine, vom 30. 12. 04 mitgeteilt und nachfolgend wiedergegeben:

„Drahtlose Telegraphie im Dienste der Rettung aus Seenot. Bei den letzten schweren NW- und SW-Stürmen in der Ham-

burger Bucht haben sich vier Funkspruchstationen vor der
Elbemündung — Elbe-, Eider- und Weser-Feuerschiff sowie
Helgoland — vorzüglich bewährt. Können sie doch den vor
der Elbe belegenen gefährlichen Winkel der Nordsee vollständig unter Beobachtung nehmen und jeden Unfall nach
Cuxhaven melden, so daß es möglich ist, von dort unverzüg-
lich Bergungsfahrzeuge nach der Unfallstelle zu entsenden.
Das Außen-Eider-Feuerschiff meldete 2 Unfälle, und sofort
eilten 2 Schleppdampfer von Cuxhaven den gefährdeten Fahrzeugen zu Hilfe, traten aber nicht in Tätigkeit, da die Schiffe
sich noch selbst helfen konnten. Für die Schiffahrt ist es auch
von großem Wert, daß von den Stationen genaue Berichte von
dem Umfang des Unwetters vor der Elbmündung erstattet
werden können. Auch die Bedeutung der Funkspruchstation
Cuxhaven, welche für die genannten 4 Seestationen die Landstation bildet, tritt bei solchen Anlässen klar zutage."

Das Verlangen, daß die Assekuranz-Gesellschaften
die drahtlose Telegraphie an Bord eines Schiffes, bei
Verrechnung der Police, gebührend berücksichtigen,
ist also vollkommen gerechtfertigt. Daß dieses bisher
noch nicht geschieht, beruht zum großen Teil auf der Unkenntnis der Wirkungsweise der Funkentelegraphie. Teils ist
nämlich immer noch die Meinung vorhanden, daß die drahtlose Telegraphie nur als physikalische Spielerei aufzufassen
sei, teils herrschen über die Kompliziertheit der Apparate,
Schwierigkeit der Einstellung und Bedienung derselben und
des damit verbundenen sicheren Funktionierens etc. übertrieben
pessimistische Vorstellungen. Demgegenüber muß betont
werden, daß z. B. die Bedienung der Apparate von den von
„Telefunken" gelieferten Funkenkarren der preußischen Armee,
welche aus Abstimmungs- und anderen Gründen weit mehr
Apparate enthalten müssen als eine gleichwertige Schiffsstation,
so einfach ist, daß die damit betrauten Mannschaften schon
nach wenigen Instruktionen vollständig betriebssicher arbeiten
können. Außerdem ist stets noch das Bestreben vorhanden,
durch immer mehr vereinfachte Konstruktionen der Apparate
die Wirkungsweise der drahtlosen Telegraphie vom Bedienungs-
personal möglichst vollständig unabhängig zu machen.

Es soll noch nachgetragen werden, daß ein besonders

bemerkenswerter Vorschlag, die Sicherheit der Schiffe durch Anwendung der drahtlosen Telegraphie zu erhöhen, kürzlich von de Forest gemacht wurde, der darin besteht, daß durch periodische (rhythmische) Ein- und Ausschaltung des Unterbrechers der Gebestation im Empfänger, welcher beispielsweise einen Fernhörer enthalten kann, Signale hervorgerufen werden. Der Rhythmus der Unterbrechungen und die durch die jeweilige Funkenlänge im Geber bedingte Tonhöhe sollen zur Bildung der verschiedenen Unterscheidungssignale (für jedes Schiff und jede Küstenstation) dienen. Mit dieser Einrichtung hofft de Forest die zu große Annäherung der Schiffe an die Küste bei Nebel und Schiffszusammenstöße sicher zu vermeiden.

E. Gesetzgebung.

Es ist schon mehrfach hervorgehoben worden, daß die Schwachstrom-Technik, welche sich in praxi im wesentlichen aus Telegraphie und Telephonie zusammensetzt, in Deutschland als Staatsmonopol angesehen und daher auch eingehenden Rechtsnormen unterworfen wurde, während im Gegensatz hierzu die Starkstrom-Technik von staatlicher Gesetzgebung fast ganz ausgeschlossen war. Vielmehr hat — und das mag der zuletzt genannten Industrie entschieden zum Vorteil ausgeschlagen sein — das Reich auf Ausarbeitung eines allgemeinen Elektrizitäts-Gesetzes verzichtet und dafür die Normen und Bestimmungen des Verbandes Deutscher Elektrotechniker als bindend anerkannt.

Das Reichsgericht hat durch Urteil vom 28. Februar 1889 entschieden, daß Fernsprech-Anstalten technisch und begrifflich zur Telegraphie gehören; daher enthält auch das Reichsgesetz vom 6. April 1902, welches das gesamte Telegraphenwesen regelt, im wesentlichen die Bestimmungen, welche für die drahtlose Telegraphie maßgebend sind. Alle weiteren diesbezüglichen Maßnahmen wurden als „Vorschrift für den Gebrauch der Funkentelegraphie im öffentlichen Verkehr" erlassen und traten in ihrer neuen Fassung am 1. April 1905 in Kraft. Nachstehend ist der wesentliche Inhalt dieser Vorschrift wiedergegeben:

1. Allgemeines.

In dieser Vorschrift bezeichnet:

„Schiffsstation" eine Funkentelegraphenstation auf einem der Seeschiffahrt dienenden Schiffe.

„Küstenstation" eine feste Funkentelegraphenstation auf dem Festlande, auf einer Insel oder auf einem dauernd ver-

ankerten Schiffe, deren Wirkungsbereich sich auf das Meer
erstreckt.

„Funkentelegramm" das mittels Funkentelegraphen übermittelte
Seetelegramm.

Auf den Verkehr mit Funkentelegraphie finden die im
internationalen Telegraphenvertrage nebst Ausführungsübereinkunft (Londoner Revision 1903) und der Telegraphen-
ordnung für das Deutsche Reich enthaltenen Bestimmungen
über Seetelegramme Anwendung, soweit diese Vorschrift keine
Ausnahmen festsetzt.

Die Auswechselung der Funkentelegramme mit dem Reichs-
telegraphennetze regelt sich nach den für die Seetelegramme
erlassenen Bestimmungen.

Der Text der Funkentelegramme kann in jeder der in der
Londoner Ausführungsübereinkunft zum internationalen Telegraphenvertrage zugelassenen Sprachen abgefaßt werden.

In zweifelhaften Fällen liegt die Entscheidung bei der
Reichstelegraphenanstalt, an welche die Funkentelegramme
zur Weiterbeförderung abgegeben werden.

2. Bereich der Vorschrift.

Die Vorschrift regelt den funkentelegraphischen Verkehr
zwischen den deutschen „öffentlichen Küstenstationen" und
allen mit ihnen in Verkehr tretenden Funkentelegraphenstationen. Die Stationen auf Feuerschiffen verkehren in der
Regel nur mit einer bestimmten Küstenstation und befördern

1. Telegramme (dienstliche und private), die von ihrer
Besatzung ausgehen oder an sie gerichtet sind;

2. Telegramme, die ihnen etwa von Schiffen auf anderem
als funkentelegraphischem Wege zur Weiterbeförderung zu-
gehen.

Mit Schiffen in See dürfen diese Stationen funkentelegraphisch nur in Fällen der Not verkehren.

Die Küstenstationen, welche nicht „öffentliche Küstenstationen" sind (d. h. alle, die nicht unter 5a genannt sind),
haben im Verkehr mit diesen nach den für Schiffsstationen
geltenden Bestimmungen dieser Vorschrift zu verfahren.

Die Vorschrift gilt ferner sinngemäß für den funkentelegraphischen Verkehr der unter deutscher Flagge fahrenden Schiffe unter sich.

3. Dienstbereitschaft der Küstenstationen.

Jede öffentliche Küstenstation der Reichsmarineverwaltung ist zu jeder Tages- und Nachtzeit betriebsbereit, sofern dieselbe nicht von der vorgesetzten Behörde aus Betriebsrücksichten oder zu Manöver- oder zu Versuchszwecken gesperrt wird.

Die öffentlichen Küstenstationen haben

die Wellenlänge von . . . . 365 m
die Reichweite (auf eine gleiche Station bezogen) von　200 km
die Reichweite (auf ein Schiff mit 30 m hohem Maste
　bezogen) von　. . . . . 120 km
　　　　　　(bei normaler Witterung).

4. Verfahren.

a) Beförderungszeichen.

Zur Anwendung kommen die bekannten Morsezeichen, denen folgende Signale hinzugefügt sind:

— — — — — — Ruhezeichen; darf nur von öffentlichen Küstenstationen gegeben werden;

· · · — — — · · · Notzeichen; wird von einem Schiffe in Not so lange wiederholt, bis alle anderen Stationen ihren Verkehr abgebrochen haben;

·· · — — — · Suchzeichen; darf von Schiffen auf hoher See wiederholt mit ihren eigenen Namen, die dem Zeichen folgen müssen, gegeben werden; es ist zu beantworten durch „hier" mit nachfolgenden Namen.

b) Reihenfolge der Beförderung.

Die Funkentelegramme werden in nachstehender Reihenfolge befördert: Staatstelegramme, Diensttelegramme, dringende Privattelegramme, nicht dringende Privattelegramme.

Die Funkentelegramme der Schiffe in Seenot haben den Vorrang vor jedem der genannten Funkentelegramme und sind mit Unterbrechung jeder anderen etwa bestehenden Verbindung zu befördern. In diesem Falle hat das hilfesuchende Schiff das Notzeichen andauernd zu geben, bis der Verkehr der anderen Stationen aufgehört hat. Folgt dem Notzeichen kein Anrufszeichen für eine bestimmte Station, so hat sich jede Station, welche dasselbe vernimmt, zu melden.

c) Anruf.

Den öffentlichen Küstenstationen liegt die Leitung des funkentelegraphischen Verkehrs mit den Schiffsstationen innerhalb ihrer Höchstreichweite ob. Ihren Anordnungen ist von den Schiffsstationen und den Küstenstationen mit beschränktem öffentlichen Verkehr (vergl. 5 b) unbedingt Folge zu leisten.

Die öffentliche Küstenstation bestimmt die Reihenfolge des Verkehrs nach folgenden Gesichtspunkten.

Vorzugsweise Behandlung erfährt dasjenige Schiff, welches nach seiner Lage, Fahrtrichtung und Geschwindigkeit die Zone der gegenseitigen Verständigung zuerst verläßt.

Eine Schiffsstation darf sich nur an die nächste öffentliche Küstenstation wenden, ausgenommen in dem Falle, daß sich eine Verständigung mit dieser wegen Betriebsschwierigkeiten nicht herstellen läßt.

Eine Schiffsstation darf nicht früher anrufen, als bis sie in die sichere Reichweite der Küstenstation gelangt ist. Diese ist etwa gleich ³/₄ der höchsten Reichweite der Küstenstation, bezogen auf die Schiffsstation.

Jede Schiffsstation verwendet von den ihr zur Verfügung stehenden Wellenlängen beim Anrufe diejenige, die der Wellenlänge der Küstenstation am nächsten liegt.

Jede Station muß, bevor sie ihre Anrufe beginnt, durch ihren Hörapparat oder, wenn sie keinen besitzt, durch Einstellung ihres Empfangsapparates auf höchste Empfindlichkeit feststellen, ob schon ein anderer Verkehr im Gange ist. Ist dies der Fall, so muß sie so lange mit dem Anrufe warten, bis jener beendet ist.

Alle Stationen dürfen den gegenseitigen Verkehr nur mit geringster Intensität des Gebers abwickeln.

Auf das Ruhezeichen der öffentlichen Küstenstation muß eine Schiffsstation sofort mit dem Geben aufhören und darf erst wieder fortfahren, wenn sie zum Geben aufgefordert wird.

Das Ruhezeichen darf nur von öffentlichen Küstenstationen gegeben werden.

Wird der Anruf der Schiffsstation von der Küstenstation nicht beantwortet, so darf sie ihren Anruf noch dreimal in Pausen, die nicht kürzer als 5 Minuten sind, wiederholen.

Wird auch der vierte Anruf nicht beantwortet, so darf die Schiffsstation erst nach einer Pause von 1 Stunde von neuem beginnen, die Küstenstation anzurufen.

Ist auch dies ohne Erfolg, so darf das Verfahren, wie beschrieben, fortgesetzt werden.

Sucht eine Schiffsstation auf hoher See Verbindung mit einer anderen, so gibt sie das Suchzeichen wiederholt mit ihrem Namen, welcher dem Zeichen folgen muß.

Es ist gegebenenfalls durch „hier" mit folgendem Namen zu beantworten.

d) Beförderung.

Die Adresse der Telegramme nach Schiffen in See muß die genaue Bezeichnung des Empfängers, der Küstenstation, die die Telegramme vermitteln soll, den Namen des Schiffes oder seine amtliche Nummer und die Nationalität des Schiffes enthalten.

Im Kopfe der von Schiffen in See herrührenden Telegramme erscheint als Aufgabeanstalt die vermittelnde Küstenstation. Dahinter wird der Name des Schiffes hinzugefügt.

Die Übermittelung der für Schiffe bestimmten Funkentelegramme findet nur statt, wenn das Schiff die Küstenstation beim Passieren anruft, und solange es sich noch in ihrer Reichweite befindet.

Wenn das Schiff, für welches ein Funkentelegramm bestimmt ist, innerhalb der vom Aufgeber bezeichneten Frist oder beim Fehlen einer solchen Angabe am Morgen des 29. Tages sich nicht bei der Küstenstation gemeldet hat, gibt die Küstenstation dem Aufgeber Nachricht. Der Aufgeber hat die Befugnis, durch gebührenpflichtiges Diensttelegramm oder brieflich zu verlangen, daß die Küstenstation sein Telegramm während eines weiteren Zeitraumes von 30 Tagen zur Zustellung bereit halte u. s. f. In Ermangelung eines solchen Verlangens wird das Telegramm am 30. Tage (Tag der Aufgabe nicht mitgerechnet) als unbestellbar zurückgelegt.

Für Funkentelegramme ist außer der gewöhnlichen Telegrammgebühr ein Seezuschlag von 80 Pf. zu entrichten. Diese Gebühren werden stets bei dem Aufgeber bezw. Empfänger des Telegrammes an Land erhoben.

Soweit zurzeit die Gebührenfrage in einzelnen Fällen anders geregelt ist, bleibt es bis auf weiteres dabei.

e) Aufnahme und Empfangsbestätigung.

Unter Beobachtung der unter 4c ausgesprochenen Vorschriften beginnt ein Schiff den funkentelegraphischen Verkehr mit dem Anfangszeichen, dreimaligem Anruf der Küstenstation, darauffolgendem *v* und eigenem Rufzeichen oder, falls solches nicht festgesetzt ist, mit dem Namen.

Die Küstenstation antwortet, indem sie nacheinander das Anfangszeichen, das Rufzeichen der rufenden Station, *v*, ihr eigenes Rufzeichen und — · — als Aufforderung zum Geben oder das Wartezeichen (· — · · ·) gibt; im letzteren Falle ist die Minutenzahl der voraussichtlichen Wartezeit und, wenn diese 10 Minuten übersteigt, auch der Grund der verzögerten Abnahme hinzuzufügen.

Hat die Küstenstation das Wartezeichen gegeben, so muß das Schiff weiteren Anruf abwarten.

Darauf beginnt das Schiff sein Telegramm. Der Kopf des Telegrammes hat die Charakterbezeichnung des Telegrammes (*s*, *ss*, *a*, *d*, d. h. Staatstelegramm, gebührenfreies Staatstelegramm, Diensttelegramm, dringendes Privattelegramm) zu enthalten. Dann folgt der Name der Bestimmungsanstalt (Ort, wohin das Telegramm gerichtet ist), *v* oder *de*, der Name des Schiffes, die Aufgabenummer — falls das Telegramm nach dem Auslande gerichtet ist — die Wortzahl und die Aufgabezeit des Telegrammes. Diese ist mit drei Zahlen (Tag des Monats, Stunde, Minute) anzugeben.

Nach diesem Kopfe werden nacheinander die besonderen Vermerke, die Aufschrift, der Text und die Unterschrift des Telegrammes übermittelt.

5. Anrufzeichen der deutschen Küstenstationen und der deutschen Handelsschiffe.

a) Die öffentlichen Küstenstationen.

1. Rixhöft . . . . *k r x*
2. Arcona . . . . *k a r*
3. Marienleuchte . . . . *k m r*
4. Bülk . . . . *k b k*
5. Helgoland . . . . *k h g*
6. Cuxhaven . . . . *k c x*
7. Borkum Leuchtturm . . . . *k b m*
8. Borkumriff Feuerschiff . . . . *f b r*

b) Küstenstationen mit beschränktem öffentlichen Verkehr.

1. Bremerhaven Lloydhalle . . . . . . *k b h*
2. Weser Feuerschiff . . . . *f w f*
3. Elbe I Feuerschiff . . . . *f e f*

c) Handelsdampfer.

1. Kaiser Wilhelm der Große (Ndd. Lloyd) *d k w*
2. Kronprinz Wilhelm . . (-) *d k p*
3. Kaiser Wilhelm II. . . (-) *d k m*
4. Deutschland . . . . . (H. A. P. A.-G.) *d d l*
5. Moltke . . . . (-) *d d m*
6. Blücher . . . . . . (-) *d d b*
7. König Albert . . . . (-) *d k a*
8. Meteor . . . . (-) *d m r*
9. Cap Ortegal . . . . . . (H. S. A. L.) *d c o*
10. Cap Blanco . . . . . . (-) *d c b*
11. Prinz Adalbert . . (Kiel-Korsör-Linie) *d p a*
12. Prinz Sigismund . (-) *d p s*
13. Prinz Waldemar . (-) *d p w*

Schiffe, für welche keine Anrufzeichen für den Verkehr mit deutschen Küstenstationen festgesetzt sind, haben sich mit ihrem Namen zu melden, der dann bei der Beförderung an Stelle des Anrufzeichens gebraucht wird.

Anrufzeichen für Funkentelegraphenstationen werden von der Behörde festgesetzt, welche die Erlaubnis zur Errichtung von Funkentelegraphenstationen erteilt.

Andere Länder haben schon verhältnismäßig frühzeitig regulativ die Entwicklung und Ausbeutung der drahtlosen Telegraphie überwacht und geleitet. Es sind das im wesentlichen: Frankreich, England und Italien; also dieselben Staaten, welche die Starkstromtechnik seit geraumer Zeit gesetzlich geregelt haben.

In Frankreich veröffentlichte am 9. 2. 1903 der Präsident ein Dekret, welches die Auswertung der Funkentelegraphie regelt. Im ersten Teil dieses Erlasses wird das Verwendungsgebiet der drahtlosen Telegraphie gekennnzeichnet, also hauptsächlich der Verkehr von Schiffen untereinander, ferner von Fahrzeugen mit dem festen Lande, von Inseln mit dem Kontinent, und schließlich dem Ersatz von Landkabelleitungen, welche durch Defekt außer Betrieb gesetzt sind. In der zweiten Hälfte des Dekrets wird die Anlage einer Zentralstelle verlangt, welche Prüfung und Entscheidung über eventuelle Neuanlagen vornimmt. Die geeignetste Behörde zur Überwachung aller dieser Verhältnisse ist die Post- und Telegraphenverwaltung, da sie allein alle internationalen Verbindungen vorbereiten und herstellen kann. Die Ausführung dieses Dekrets, welches Gesetzeskraft besitzt, ist dem Handelsminister übertragen und wurde im „Journal officiel" und „Bulletin des lois" veröffentlicht.

Ein Zusatz zu diesem Dekret folgte am 27. Februar 1904. Er besagt im wesentlichen, daß eine Vereinigung zwischen Marineverwaltung und Post- und Telegraphenverwaltung bezüglich der Anlage mehrerer Stationen an einem Punkte sowie die Übernahme sämtlicher Küstenstationen durch die Marineverwaltung im Falle der Mobilmachung stattfinden soll. Die wesentlichsten Punkte dieses Erlasses lauten, wie folgt:

„Die Wahl des Platzes für die an den Küsten zu errichtenden Stationen für drahtlose Telegraphie erfolgt in jedem Falle im Einverständnis zwischen der Post- und Telegraphenverwaltung und der Marineverwaltung.

Im Falle der Mobilmachung werden alle an der Küste errichteten Stationen für drahtlose Telegraphie, die der Post-

und Telegraphenverwaltung gehören, ebenso die Küstenstationen, die Privatpersonen konzessioniert sind, bezüglich des Betriebes der Marineverwaltung unterstellt."

Schließlich ist noch die Höhe des Wortpreises auf 75 cent. provisorisch für den Verkehr mit den Stationen Ouessant und Porquerolles festgesetzt; Privattelegramme können mit den vom Minister bezeichneten Stationen gewechselt werden. Bemerkenswert ist die Bestimmung, daß diejenigen Telegramme, welche von Schiffen in Not abgesandt werden, vor jedem andern Telegramm unbedingten Vorrang haben.

Ähnlich wie in Frankreich sind die Bestimmungen in England und den englischen Kolonien festgelegt. Hier verdienen die gesetzlichen Maßnahmen ein um so höheres Interesse, weil bekanntlich England ganz besondere Lust gezeigt hat, aus der drahtlosen Telegraphie ein Monopol zu schaffen. Im Vereinigten britischen Königreich muß zur Errichtung einer Station für drahtlose Telegraphie eine besondere behördliche Konzession eingeholt werden, für deren Erteilung der General-Postmeister zuständig ist. Außerdem ist noch die Erlaubnis der obersten Militär- und Marinebehörde und des Handelsamtes nachzusuchen; aber nicht nur der regelrechte, gewerbsmäßige Depeschenverkehr unterliegt den vorstehenden Bestimmungen, sondern auch die zu wissenschaftlichen Zwecken angestellten Untersuchungen. Allerdings sollen die zu reinen Versuchszwecken hergestellten Anlagen tunlichst immer konzessioniert werden.

Die Notwendigkeit einer gesetzlichen Regulierung war in England wegen der geographischen Lage des Inselreichs in stärkerem Maße vorhanden wie in anderen Ländern. Die Hauptgefahr bildet hier wie auch sonst eventueller Mißbrauch der drahtlosen Telegraphie im Kriegsfalle. Der General-Postmeister, Lord Stanley, sagt in seinem Gesetzentwurf hierüber etwa folgendes:

„Die Entwicklung der drahtlosen Telegraphie während der jüngsten Vergangenheit und ihre voraussichtliche Weiterentwicklung und ausgedehnte Verwendung in der nächsten Zukunft ließen im Interesse der Landesverteidigung hier ein Eingreifen der Gesetzgebung für geboten erscheinen. In einem zukünftigen Kriege, besondes in einem Seekriege, wird die drahtlose Telegraphie ebenfalls eine wichtige Rolle spielen, und es ist deshalb erforderlich, daß darüber von der Regierung eine Kontrolle ausgeübt werden kann."

Der Gesetzentwurf, welcher am 18. Juli dem Hause der Gemeinen zuging und bereits am 15. August definitive Gesetzeskraft erlangte, ist im „Electrician" vom 22. Juli 1904 abgedruckt.

Außer dem schon oben mitgeteilten ist in dem angezogenen Gesetze noch folgender Passus von internationaler Bedeutung: „Solange sich fremde Schiffe in den britischen Territorialgewässern aufhalten, dürfen auf ihnen Apparate für drahtlose Telegraphie nur gemäß den vom General-Postmeister erlassenen bezüglichen Vorschriften betrieben werden. Für Zuwiderhandlungen können neben der Beschlagnahme der Apparate Geldstrafen bis zu £ 10 festgesetzt werden. Im übrigen haben die Bestimmungen des gegenwärtigen Gesetzes für funkentelegraphische Einrichtung auf fremden Schiffen keine Geltung."

Ferner wird darauf hingewiesen, daß in einer Vereinbarung mit anderen Mächten ein indirektes Kontrollmittel besteht. Darauf wird aber ganz mit Recht die Unsicherheit eines derartigen Übereinkommens, namentlich in Fällen gespannter auswärtiger Beziehungen, besonders betont. Schließlich werden Lizenzen erteilt je nach der Art des Betriebes: „Geschäftliche Anlagen, Anlagen zu experimentellen Zwecken, Privatanlagen". Für jede Landstation sind M. 20, für jede Schiffsstation M. 5 Steuer zu entrichten.

Früher als im britischen Königreich hat in den Kolonien die gesetzliche Regelung der drahtlosen Telegraphie stattgefunden. Eine Tatsache, die wegen des großen Einflusses Englands auf den Weltverkehr von nicht zu unterschätzender Bedeutung ist. Daher sind nachfolgend die Bestimmungen einiger wichtiger Kolonien wiedergegeben („Electrician" vom 23. 10. 1903):

Bahama-Inseln: Mitteilungen von Botschaften mit Hilfe der drahtlosen Telegraphie ohne vorherige Erlaubnis des Kolonialsekretärs sind unzulässig. Ebenso ist die Herstellung, Einrichtung und Inbetriebhaltung von Apparaten und Installationen der drahtlosen Telegraphie nur mit staatlicher Erlaubnis gestattet.

Kap der guten Hoffnung: Gesetz vom 14. 11. 1902 mit dem Titel: „The Electric Telegraph Amendment" 1902. Dasselbe sagt aus, daß alle die drahtlose Telegraphie betreffenden Vorrichtungen etc. unter das alte Telegraphengesetz von 1861 fallen. Konzessionen werden höchstens auf die Dauer von 7 Jahren erteilt.

Die Regierung allein hat die Befugnis und Kontrolle für Stationen der drahtlosen Telegraphie in Gambia (Dekret vom 19. 2. 1903), Goldküste (Verordnung vom 22. 9. 1903), Hongkong (Dekret von 1903), Jamaica (Gesetz vom 12. 3. 1903), Lagos (Verordnung vom 28. 8. 1903), Malta (Verordnung vom 30. 6. 1903), Seychellen (Dekret vom 2. 5. 1903).

Alle übrigen bisher nicht genannten Länder haben entweder gesetzliche Bestimmungen für drahtlose Telegraphie nicht erlassen, oder die betreffenden Dekrete stimmen in ihrem Inhalt so weit mit dem oben Angeführten überein, daß von einer Wiedergabe in vorliegendem Falle abgesehen werden kann.

Aus dem bisher Mitgeteilten geht klar die Bedeutung hervor, welche allenthalben der drahtlosen Telegraphie beigemessen wird. Namentlich für Küsten- und Schiffsstationen ist die Sicherheit der Übermittlung von Nachrichten mit Hilfe von Hertzschen Wellen so gestiegen, daß selbst die gesetzlichen Maßnahmen hierbei schon mit einem durchaus betriebsfähigen, zuverlässigen Mechanismus rechnen.

Aber noch eine andere gesetzliche Frage ist von großer Wichtigkeit: nämlich der Zusammenhang zwischen der drahtlosen Nachrichtenübertragung und der Neutralität. Vor kurzem ist diese Frage in einer bemerkenswerten Broschüre von Dr. F. Scholz „Drahtlose Telegraphie und Neutralität" ausführlich und in einer mit dem praktischen und technischen Standpunkt verträglichen Weise behandelt worden, so daß es sich erübrigt, hierüber besondere Untersuchungen anzustellen. Nur der in der genannten Broschüre auf p. 13 ausgesprochenen Kritik im Fall Tschifu kann der Verfasser nicht beistimmen, weil, wie es nach dem „Kabelzerschneidungsrechte" zulässig ist, das Kabel an der unneutralen Küste zu zerstören, die Japaner, falls sie im Besitze moderner funkentelegraphischer Apparate waren, sehr wohl den Verkehr nach dem russischen Konsulatsgrundstück hätten „stören" können. Man kann somit China in dem erwähnten Falle unneutrales Verhalten kaum vorwerfen.

Es sollen nun einige besonders wichtige Punkte und Resultate der Scholzschen Untersuchungen wiedergegeben werden.

1. Beschränkung der drahtlosen Telegraphie durch die Neutralitätspflicht der Staaten:

Im Kriegsfalle verschärft sich die Zensurpflicht des neutralen Staates, weil vermutet werden muß, daß die Station für drahtlose Telegraphie militärischen, feindlichen Interessen dient. Aus diesem Grunde sollen folgende Sätze Anwendung finden: Ein neutraler Staat ist verpflichtet, mit Sorgfalt darüber zu wachen, daß auf den seiner Verwaltung unterstehenden Anlagen für drahtlose Telegraphie Kriegsdepeschen, soweit sie als völkerrechtlich verbotene Transporte anzusehen sind, nicht befördert werden, falls er nach Lage der örtlichen Verhältnisse erwarten muß, daß seine Anlagen für diese Depeschen benutzt werden. Eine Pflicht zur Zurückweisung von Privatdepeschen in Geheimschrift besteht im allgemeinen nicht. Neutrale Staatsdepeschen einer Zensur zu unterziehen, ist ein anderer neutraler Staat kraft seiner Neutralität weder berechtigt noch verpflichtet.

Ist eine Land- oder Schiffsstation für drahtlose Telegraphie in feindliche Gewalt geraten, so ist ein neutraler Staat, falls er hiervon Kenntnis erhält und den Verkehr mit jener Station aufnimmt, verpflichtet, eine über die Vorschrift des Abs. 1 hinausgehende Zensur derart einzurichten, daß private Depeschen in Geheimschrift zurückgewiesen werden. Er ist auch verpflichtet, bei der etwa beteiligten, in seinem Hoheitsgebiet ansässigen Privatgesellschaft auf Einführung dieser Zensur hinzuwirken.

Die Verantwortlichkeit des Staates erstreckt sich natürlich nicht auf die Handlungen von Privatpersonen außerhalb des neutralen Hoheitsgebietes, wozu in dieser Hinsicht auch die Küstenmeere (siehe weiter unten) rechnen; vorstehendes gilt bei folgenden Fällen: a) Wenn funkentelegraphisch ausgerüstete Schiffe den Depeschendienst der Flotten der Kriegsparteien vermitteln. b) Wenn ein Zeitungsverlag auf einem Schiffe einen Kriegskorrespondenten unterhält, der unter Anwendung der Funkentelegraphie neutralitätswidrig handelt.

Wenn hingegen eine schwimmende Telegraphenstation im Dienste einer neutralen Telegraphengesellschaft steht und kriegserhebliche oder gar im Wege der Spionage geschöpfte Nachrichten dieser Gesellschaft zuführt, welche sie dann ihrerseits weiter verbreitet, so wird bei Notorietät des Falles allerdings der neutrale Staat zum Einschreiten verpflichtet sein. Was er aber zu verbieten hat, ist nicht die unneutrale Nachrichtenerkundung außerhalb seines Staatsgebietes, sondern die Weitergabe und Verbreitung derartiger, für die Kriegsparteien gefährlicher Nachrichten im Bereiche seiner Gebietshoheit.

2. Störung des funkentelegraphischen Weltverkehrs durch die Kriegsparteien.

Die rechtliche Schwierigkeit dieses „Rechtes der Kriegsparteien" bezw. des „Souveränitätsrechtes" ist in der drahtlosen Telegraphie weit größer als in der Kabeltelegraphie; denn bei ersterer kommen nicht nur Verbindungen zwischen Land und Land, sondern auch zwischen Schiff und Land, zwischen Schiff und Schiff, zwischen Seeschiff und Luftschiff u. s. w. in Betracht. Die rechtliche Beurteilung dieser Fragen muß der des „Kabelzerschneidungsrechtes" grundsätzlich entsprechen.

Aus der jungen Praxis des Rechtes der Funkentelegraphie verdient folgender Fall eines Eingriffsrechtes erwähnt zu werden: Am 9. April 1904, während eines der zahlreichen japanischen Flottenangriffe auf Port Arthur, wiederholten die Russen mit ihren funkentelegraphischen Apparaten auf der Festung fortgesetzt das Alphabet, um die Apparate auf den japanischen Kriegsschiffen zu stören, und zwar mit bestem Erfolg. Erst nachdem eine Pause eingetreten, konnte die japanische Flotte eine wichtige Mitteilung nach Japan senden. Daß die Russen zur Störung der „hostilen" Telegraphenverbindung berechtigt waren, ist kriegsrechtlich nicht zweifelhaft. Sie wären wohl auch dann im Rechte gewesen, wenn eine „interneutrale" Verbindung dadurch gestört worden wäre.

Eine weitere wichtige Frage schließt sich an diese Betrachtungen an, nämlich: wie weit die örtliche Einschränkung der nicht neutralen Küstengewässer zu bemessen ist.

Der örtlichen Einschränkung strebt auch die herrschende Theorie des Seekabelrechtes zu, welche zwar gestattet, alle beim Feinde landenden Kabel abzuschneiden, aber nicht außerhalb der Küstengewässer. Jener Gedanke ist auch im russisch-japanischen Kriege nahegelegt worden durch die Vexationen des Weltverkehrs, welche der Aufenthalt russischer Hilfskreuzer in der Nähe von Suez und Aden verursachte. Mit Rücksicht auf die heutige Wertschätzung der Zeit erscheint es unbillig, daß infolge derartiger Ausübungen des Rechtes der Kriegsparteien, die feindliche Küste zu kontrollieren oder zu sperren, der Seeverkehr mit ganzen Erdteilen gestört und unterbunden werden kann.

3. Beschränkung der drahtlosen Telegraphie durch die sogenannte Neutralitätspflicht neutraler Untertanen.

Da es jetzt als anerkannter Grundsatz des Landkriegsrechtes gilt, daß Telegraphen, auch wenn sie sich im Privatbesitz befinden, Kriegsmittel sind (Moyens de nature à servir aux opérations de la guerre), so kann es keinem Zweifel unterliegen, daß auch die drahtlose Telegraphie und Telephonie der Beschlagnahme des invadierenden und okkupierenden Feindes unterliegen.

Funkentelegraphische Stationen auf feindlichen Kriegs- oder Privatschiffen unterliegen der Besitzergreifung zu Eigentum bezw. dem Seebeuterecht. Die Station auf einem neutralen Schiff kann nur dann konfisziert werden, wenn das Schiff wegen Neutralitätsbruches dem Prisengerichte verfällt.

Der Transport von funkentelegraphischen Einrichtungen und Apparaten ist als Kriegskonterbande anzusehen.

Scholz behandelt in seinem Buche ferner die Rechtsfolgen unneutraler Verwendung der Funkentelegraphie auf dem Kriegsschauplatz. So interessant diese Untersuchungen auch im einzelnen sind, kann hier jedoch nicht näher auf diese eingegangen werden. Nur sein zum Schluß von ihm gegebener Vorschlag für eine Regelung des Schutzes gegen Ausstreuung kriegserheblicher Nachrichten soll wegen der Wichtigkeit, die dieser Sache zukommt, hier wörtlich mitgeteilt werden:

„Eine Kriegspartei ist berechtigt, zu verbieten, daß in der von ihr näher zu bezeichnenden und öffentlich bekannt zu machenden Zone der Feindseligkeiten Nachrichten über Aufenthalt und Bewegung ihrer Kriegs- und Handelsschiffe sowie über ihre sonstigen Kriegsmaßnahmen im Wege der drahtlosen Telegraphie seitens neutraler Schiffe ausgestreut werden. Zuwiderhandlungen, welche zur Folge haben, daß mit Wissen oder unter fahrlässigem Nichtwissen des Schiffsführers der Geheimhaltung bedürfende Tatsachen verraten werden, ziehen die Aufbringung und Konfiskation des Schiffes nach sich, ohne Rücksicht darauf, ob das Schiff beabsichtigte, der Gegenpartei Kriegshilfe zu leisten. Das Recht der Aufbringung ist nur in der festgesetzten Zone der Feindseligkeiten, hier aber während der Dauer des ganzen Krieges zulässig.

War die funkentelegraphische Übermittelung mit einer solchen Nachrichtenerkundung verbunden, welche unter den erschwerenden Umständen der Spionage erfolgte, so trifft die schuldigen Personen die Strafe dieses Vergehens."

F. Die drahtlose Telegraphie im Heeresdienste. Kriegsberichterstattung.

Die moderne Kriegstechnik hat in erster Linie mit Bewegung von Truppenkörpern größter Ausdehnung zu rechnen. Eine schnelle und absolut zuverlässige Befehlsübermittlung von der obersten Heeresleitung zu den Führern der einzelnen Detachements ist daher grundlegende Voraussetzung für eine zweckmäßige Ausnutzung des Geländes, Zusammenwirken der einzelnen Truppenteile etc.

Bisher wurde diese Nachrichtenübertragung fast ausschließlich durch die Feldtelegraphen (Deutschland hat bekanntlich drei Feldtelegraphen-Bataillone, welche in Berlin, Frankfurt a/O. und Koblenz garnisoniert sind) bewirkt. Es hat sich aber herausgestellt, daß trotz der Verwendung besten Materials und zweckentsprechendster Konstruktionen Drahtbrüche und Isolationsfehler, die aufzusuchen äußerst zeitraubend und umständlich ist, ganz unvermeidlich sind. Außerdem ist die Beweglichkeit dieser „Fliegenden Stationen" naturgemäß keine große, obwohl im Mittel in 15 Minuten ein Kilometer Feldtelegraphenleitung hergestellt werden kann. Der bedenklichste Übelstand der Feldtelegraphen ist aber die Möglichkeit der leichten Zerstörung durch feindliche Patrouillen im Ernstfalle.

Alle vorgenannten Mißstände, ebenso wie der große Train, der für die Menge Leitungsmaterial bei großen Entfernungen erforderlich ist, kommen in Fortfall bei Anwendung der drahtlosen Telegraphie, welche sich daher auch auf diesem Gebiete immer mehr Bahn bricht. Der beste Beweis hierfür wird durch die Tatsache erbracht, daß im deutschen Heere am 1. März 1905 eine neuformierte Funkentelegraphenabteilung aufgestellt wurde, welche dem ersten Telegraphenbataillon und damit der Inspektion der Verkehrstruppen unterstellt wurde, und die eine Stärke von 8 Offizieren, 15 Unteroffizieren, 85 Mann und 40 Pferden besitzt.

Von der historischen Entwicklung der Funkentelegraphie im deutschen Heere ist zu berichten, daß die ersten Versuche schon im Sommer 1897 unter der umsichtigen Leitung des Hauptmanns Bartsch von Sigsfeld stattfanden. Der erste praktische Erfolg wurde schon im Frühjahr 1898 (Luftschiffer-abteilung und Siemens & Halske) mit 500 m langen Luftdrähten zwischen Berlin und Jüterbog über eine Entfernung von ca. 60 km erzielt. Das Resultat der damals gemachten Erfahrungen waren fahrbare Stationen und Verwendung von Drachenballons zur Hochführung der Luftdrähte. Um das lästige Mitführen der schweren Wasserstoffbehälter zu ersparen, wurden schon damals Leinwanddrachen verwendet, die bereits bei leichtem Winde benutzt werden konnten. Die während der nun fol-genden Jahre angestellten Versuche haben eine Konstruktion ergeben, welche der Protz-System-Type angepaßt ist, und welche sich im wesentlichen aus der im Vorderwagen unter-gebrachten Empfängerstation und der im Hinterwagen angeord-neten Geberstation zusammensetzt.

Das Kaisermanöver 1902 erbrachte den Beweis der leichten Beweglichkeit und Sicherheit der neuen Nachrichtenübermitt-lung; in einem hierauf bezüglichen militärischen Bericht heißt es:

„Die Funkentelegrahie benutzte das System Braun-Siemens, das sich außerordentlich gut bewährt hat. Mit dem Morse-schreibapparat arbeitet die Station noch sicher auf 2 Tage-märsche, mit dem Hörapparat auf 3—4 Tagemärsche.“

Eine Hauptbedingung für die transportablen Karrenstationen ist die Störungsfreiheit, d. h. die Wahrung des Depeschen-geheimnisses. Namentlich in dieser Beziehung ist seit der Fusion der beiden Gesellschaften, Braun-Siemens & Halske und Slaby-Arco, A. E. G., von der deutschen Gesellschaft Telefunken Hervorragendes geleistet worden. Das ist außer bei dem Kaisermanöver 1904, wo Landheer und Flotte mit der obersten Leitung durch eine feste und fünf Karrenstationen verbunden waren und bis zu 100 km Reichweite absolut sicher und störungsfrei funktionierten, vor allem bei dem Aufstande in

Südwest-Afrika klar zutage getreten. Major Faller berichtet hierüber in der Umschau, Heft 21, 1905, folgendes:

„Aber erst der Aufstand in Südwest-Afrika sollte die volle Erkenntnis durch den Ernstfall erbringen, ein wie wichtiges Nachrichtenmittel die Funkentelegraphie für die Landoperationen geworden war, wie auch den glänzenden Beweis liefern für den vollen praktischen Erfolg der langen, mühevollen Versuchsarbeiten. Schon Anfang Juni 1904 konnten 2 Wagen- und 1 Karrenstation, die zusammen als „Funkentelegraphen-Detachement" in der Stärke von 4 Offizieren, 4 Unteroffizieren und 27 Mann im April aufgestellt worden waren, an den Operationen gegen und um den Waterberg teilnehmen, indem sie zur Herstellung und Aufrechterhaltung der Verbindungen der einzelnen Kolonnen unter sich wie mit dem Oberkommando dienten und sich hierbei derart bewährten, daß diese Verbindungen selten verloren gingen, sodann aber auch wesentlich weniger Reiter zu diesem Zweck benötigt waren. Ferner wurde erfreulicherweise festgestellt, daß die Befürchtungen bezüglich der störenden Einwirkungen des Klimas auf die Apparate zum großen Teil unbegründet waren, und daß auch die luftelektrischen Erscheinungen kaum stärker sich bemerkbar machten wie in Europa. Die gemachten Erfahrungen fanden bei der Aufstellung eines 2. Funkentelegraphen-Detachements, das Anfang dieses Jahres nach Südwest-Afrika abging, um gegen die Witbois Verwendung zu finden, Verwertung. Den Verhältnissen des afrikanischen Kriegsschauplatzes sowie den Fortschritten der Technik entsprechend, erhielten die 3 Karrenstationen die dort gebräuchlichen Spurweiten und Abmessungen sowie neue Apparate und Schaltungen mit einer garantierten Reichweite von 200 km mit Schreiber und 300 km mit Hörer."

Die allgemeine Zusammenstellung einer modernen fahrbaren Station des „Telefunken-Systems" umfaßt folgende Einteilung:

1. Kraftkarren,
2. Apparatekarren,
3. Gerätekarren,
4. Gasflaschen-Mastenkarren.

Jeder dieser zweirädrigen Karren hat ein Gewicht, das kleiner als 600 kg ist, und kann bequem von einem Pferd oder Maultier fortbewegt werden.

Figur 97. Kraftwagen.

Figur 28. Apparatekarren.

1. Der Kraftkarren (Figur 27)

enthält die Stromquelle, bestehend aus einem Benzinmotor von ca. 4 HP. direkt gekuppelt mit einem Wechselstromgenerator von ca. 1 Kw. Nutzleistung und der Erregermaschine. Die Kühlung des Motors geschieht durch Wasser, welches in einem oberhalb der Benzindynamo gelagerten Behälter mitgeführt wird. Die Zirkulation des Wassers wird automatisch durch eine kleine Zahnradpumpe bewirkt und das Wasser durch ein Rippenrohrsystem und durch einen Ventilator gekühlt. Das zum Betriebe erforderliche Benzin wird in einem neben dem Wassergefäß gelagerten Behälter von ca. 30 l Inhalt mitgeführt. Der Inhalt ist so bemessen, daß er für einen ca. 30 stündigen ununterbrochenen Telegraphiedienst ausreicht.

Die Zündung des Motors ist elektrisch, Kerzenzündung mit Akkumulatorenbetrieb. Die Zündakkumulatoren werden von der Erregerdynamo des Wechselstromgenerators automatisch aufgeladen.

Zum Einholen des Ballons dient eine leicht ein- und ausrückbare konische Reibungskoppelung, die durch Kettenübertragung eine an der Außenseite des Schutzkastens befindliche Kabeltrommel in Drehung versetzt. Zubehör und Reserveteile befinden sich in reichlicher Menge in dem an der Außenseite befestigten Werkzeugkasten. Außerdem enthält der Kraftkarren an den Seitenwänden angeschnallt die beiden Gegengewichte nebst Stangen zum Aufhängen derselben.

2. Der Apparatekarren (Figur 28)

ist durch ein Gestell in zwei Teile geteilt und enthält die Sende- und Empfangsapparate. Im vorderen Teile, vor Berührung geschützt, liegen die Hochspannungsapparate: der Induktor, die Flaschenbatterie mit veränderlicher, mehrfach unterteilter Funkenstrecke und Hochspannungstransformator. Letztere drei sind durch eine herausnehmbare Klappe an der Seitenwand sehr leicht zugänglich gemacht, so daß ein Auswechseln von Flaschen und Verstellen der Funkenstrecke bequem bewerkstelligt werden kann. Im hinteren Teile liegen auf dem Boden der Morsetaster und auf einem gut federnd gelagerten Brett zwei Empfangsapparate und ein Morseschreiber. Auf dem Brett des letzteren hat auch der kleinere Empfangstransformator Platz gefunden. An dem den Karren teilenden Gestell ist der große Empfangstransformator, der Empfangsstöpsel sowie ein Gegengewichtsumschalter mit zwei Hebeln angebracht. An der einen Seitenwand befindet sich der Hörapparat mit elektrolytischem Detektor und Telephon; an der Tür ist die leicht abnehmbare Lockklingel befestigt. (Der Oberbau ist in der Figur fortgelassen.) Dabei ist bei der Installation dieser Apparate berücksichtigt worden, daß der Oberbau ohne Entfernung von Leitungsverbindungen abgehoben werden kann. Der zur Beleuchtung, welche im Oberbau installiert ist, benötigte Akkumulator ist, in einem Kasten geschützt, an der linken Außenseite untergebracht.

3. Der Gerätekarren.

Dieser ist zur Aufnahme der Gasbehälter und des erforderlichen Schanzzeuges sowie der Ballons und eines Reserve-Benzin-Reservoirs bestimmt. Die Gasbehälter sind in dem Karren direkt eingebaut und fassen je ca. 5 cbm Inhalt bei 120 Atm. Gasdruck. Sie sind gemäß den gesetzlichen Bestimmungen auf 200 Atm. geprüft und mit entsprechenden Ventilen verschlossen. Zwei Behälter genügen zur Füllung eines Ballons. Diese erfolgt mittels des mitgegebenen Füllschlauches.

Schanzzeug wird nicht mitgeliefert, da dieses bei einzelnen Staaten verschieden ist.

4. Der Gasflaschen-Mastenkarren.

Derselbe enthält:

    8 Gasflaschen à 5 cbm Inhalt mit Rohranschlüssen,
    4 dünnwandige Stahlrohrmaste (Verpackungslänge
        2,2 m; ausgezogen 15 m lang, mit Zubehör und Luftdrahtsystem.

Die Marconi-Gesellschaft baut ebenfalls seit längerer Zeit fahrbare Stationen für militärische Zwecke. Da jedoch hierbei die Anordnung der ortfesten Landstationen ohne weiteres übernommen wurde, erklärt sich die ungünstige Arbeitsweise der Marconi-Karren im Transvaalfeldzuge von selbst. Neuerdings ist daher Marconi zu einer Spezialkonstruktion für diese Stationstype übergegangen. Statt des einfachen, durch Ballons hochgebrachten Luftleiters sind große, etwa 10 m hohe Metallzylinder, die auf dem Wagendach umklappbar angeordnet sind, vorgesehen. Ein sogenannter „Thornycroftwagen", der mit Dampf arbeitet, ca. 5 tons wiegt und 25 km in der Stunde zurücklegt, dient als Apparate- und Kraftkarren. Die hiermit erzielte Reichweite soll 35 km betragen.

Besonders bemerkenswert aus der großen Zahl der mehr oder weniger verschiedenen Spezialkonstruktionen für Militärzwecke ist eine Anordnung, die von Major Squier in den Vereinigten Staaten angegeben wird. Major Squier benutzt nämlich lebende Bäume an Stelle von Luftdrähten, und es ist ihm eine Vorrichtung patentiert worden, die darin besteht, daß die Wurzeln des Baumes als Erdverbindung, der Baum selbst als Antenne und die Zweige und Blätter als Kapazität (gegen Erde) verwendet werden. Angeblich hat Major Squier mit dieser Anordnung Reichweiten bis zu 60 km überbrückt (San Francisco bis Bericia Barraks). Dabei ist noch zu beachten, daß bei diesen Versuchen die Bäume auf der Empfangsstation besonders klein und die Apparate so einfach und handlich ausgebildet waren, daß ein einzelner Soldat dieselben bequem tragen konnte. Außerdem soll die Inbetriebsetzung einer derartigen Station sehr schnell vonstatten gehen, da es nur erforderlich ist, in einem gewissen Abstand oberhalb des Empfangsapparates und unterhalb desselben Nägel in den Stamm des Baumes zu schlagen, mit welchen leitend verbunden Kupferdrähte zum Apparat geführt werden. Der Bericht in „Electrical World and Engineer" vom 1. Juli 05, dem diese Angaben im wesentlichen entnommen sind, teilt mit, daß in 3 Minuten die Station betriebsfertig war. Es fragt sich indessen, wie weit die Bäume als Antennen wirken, und welche Rolle die Verbindungskupferdrähte hierbei spielen.

In Figur 29 ist ein derartiger Empfangsapparat für Versuchszwecke dargestellt. Hieraus ist ersichtlich, wie einfach sich die drahtlose Zeichenübertragung gestaltet, wenn es sich darum handelt, kleine Entfernungen zu überbrücken, und alle Masten, Drachen, Ballons etc. in Fortfall kommen.

Figur 20.
Empfangsapparat nach Major Squier.

Bemerkenswert sind ferner die Untersuchungen, die Major Squier über Leitfähigkeit der verschiedenen Bäume für langsame und schnelle Schwingungen angestellt hat, und seine Forderung, derartige Untersuchungen auf alle möglichen Pflanzen, welche ev. für drahtlose Telegraphie in Betracht kommen könnten, auszudehnen, verdient entschiedene Beachtung.

Ein weiteres Feld, welches sich die drahtlose Telegraphie erworben hat, und auf dem sie immer größere Fortschritte macht, ist die Nachrichtenübertragung für Zeitungen, namentlich betreffs der Kriegsneuigkeiten. In erster Linie kommt hierbei naturgemäß die Mitteilung von Truppenbewegungen, Kämpfen u. s. w. in Betracht, da diese Ereignisse auf unser gesamtes Wirtschaftsleben von größtem Einfluß sind. Zum ersten Male ist die Wichtigkeit und Sicherheit der drahtlosen Telegraphie in dieser Beziehung im Kriege zwischen Japan und Rußland hervorgetreten. Während dieses Krieges ließ u. a. die „Times" eine drahtlose Station in Wei-hai-wei errichten, welche die von dem Depeschenboot „Haimun" der Times aufgenommenen drahtlosen Telegramme mittels Kabels nach London weiterbeförderte.

Kapitän Lionel James, welcher bei diesen Versuchen zugegen war, hielt in der am 18. Januar 1905 tagenden Sitzung der „Society of Arts" einen Vortrag, aus welchem folgendes als besonders interessant hervorgehoben sei:

„Zur Errichtung einer Station für drahtlose Telegraphie schien am geeignetsten die Kabelstation Wei-hai-wei am Gelben Meer zu liegen; der Bau derselben wurde der de Forest Co. übertragen.

Die Feindseligkeiten brachen am 6. Februar 1904 aus. Am 8. Februar kam der Dampfer mit den Ingenieuren und Apparaten in Yokohama an, dem James das Depeschenboot der Times „Haimun" zum Empfang entgegengeschickt hatte. Inzwischen wurde auf dem Boot ein Luftnetz errichtet. Das Boot verließ Shanghai am 16. Februar, und dabei beeilten sich die Ingenieure, soweit es das Wetter zuließ, das Schiff mit Sendeapparaten auszurüsten. Am 17. Februar kam der „Haimun" in Wei-hai-wei an; hierauf begannen die Ingenieure die Empfangsstation vorzubereiten; unterdessen vermittelte der

„Haimun" Depeschen zwischen Wei-hai-wei und Chemulpo.
Das ganze, kaum fertig gestellte Drahtnetz wurde leider, schon
6 Stunden nachdem der „Haimun" Shanghai verlassen hatte,
durch einen Sturm zerstört.

Die de Forest Co. hatte für die Küstenstation eine Reichweite von 180 Fuß, für die Schiffsstation eine solche von 120 Fuß
garantiert. Wir haben aber mit ihren Apparaten nie mehr
als 165 bezw. 105 Fuß erreichen können. Zwei Tage nachdem wir das erste Versuchstelegramm abgeschickt hatten,
konnten wir den Betrieb voll aufnehmen. Als wir in Chenampo
ankamen, war der Hafen gerade so eisfrei geworden, daß
Kuroki die Landung seiner Armee vornahm; wir mußten uns
den Weg durch Treibeis hindurch erkämpfen und schließlich
inmitten der japanischen Transportschiffe vor Anker gehen.

Am Morgen des 17. verließen wir Chenampo, mit vorzüg-
lichen Informationen betreffs der japanischen Landung und
Stellung der Russen am Yalu versehen.

Auf Anraten unseres erfahrenen Haimun-Ingenieurs sandten
wir erst Telegramme, als wir uns auf 80 Meilen unserer Station
genähert hatten. Als wir da keine Antwort erhielten, ver-
suchten wir es auf 55 Meilen, und als auch dies erfolglos war,
glaubten wir, daß die Station gestört sei, und setzten unsere
Reise auf Wei-hai-wei fort. Dort angekommen, hörten wir,
daß beide Telegramme ihr Ziel erreicht und sofort per Kabel
nach London weitergegeben worden waren. Eine Küsten-
empfangsstation hatten wir nun, doch fehlte uns noch immer
die Ausgangsstation. Der Chefingenieur der de Forest-Gesell-
schaft versprach, uns auch diesen Übelstand in einem Tage
abzustellen.

Wir waren, um dies zu erreichen, gezwungen, eine Station
300 m über Wasserspiegel zu bauen, eine Anordnung, die in
elektrischer Beziehung sehr ungünstig war. Der Oberingenieur
wußte diesem Nachteil dadurch abzuhelfen, daß er mittels in
die See versenkter Kupferplatten eine Verbindung mit der
Station herstellte. Wir konnten nun unbehindert Telegramme
empfangen. In Anbetracht dessen, daß das Drahtnetz der
Ausgangsstation kleiner als das der Empfangsstation war,
konnten wir auf eine größere Entfernung Telegramme ab-
senden als solche empfangen. Unsere Empfangsstation lag

90 Meilen von Port Arthur und 125 von der japanischen Marine entfernt.

Wir folgten den Japanern, die von uns keine Notiz nahmen, und waren darum imstande, das Vorgehen der japanischen Torpedoboote auf Port Arthur nach London zu melden, bevor die Japaner unsere Absicht erkennen konnten. Da der Angriff in der Dunkelheit geschah, konnten wir nähere Details nicht erfahren, erhielten dieselben jedoch 24 Stunden später aus der Stellung japanischer Schiffe. Bei dieser Gelegenheit sandten wir das erste ausführliche Telegramm, welches jemals einer Zeitung übermittelt wurde.

Ich habe zu erwähnen vergessen, daß wir während der Zwischenzeit unsere Stellung nicht besucht hatten. Wir hatten jedoch von Wei-hai-wei gehört, daß unser neuer Mast mit einem 165 Fuß großen Drahtnetz ausgestattet war, und wir beschlossen daher, einen größeren Versuch zu machen. Wir begannen denselben damit, daß wir ein 1500 Worte starkes Telegramm in Abteilungen zu je 350 Worten auf eine Entfernung von 130 Meilen aufgaben. Nach dem ersten Abschnitt nahm der Ingenieur das Telephon in der Erwartung, eine Antwort zu erhalten. Nach 5 Minuten konnte er melden, daß das Telegramm in Wei-hai-wei angekommen sei.

Die folgenden Abschnitte sandten wir mit einer Geschwindigkeit von 30 Worten in der Minute; wir trafen dabei die Vorsichtsmaßregel, jeden Abschnitt zu wiederholen.

Als ich nach Wei-hai-wei kam, verglich ich mein geschriebenes Telegramm mit dem der Eastern Cable Co. gesandten, und ich versichere, daß kein einziges Wort falsch war.

Der Erfolg der Nachrichtenübermittlung war garantiert. Wenn irgend ein Zweifel vorhanden sein sollte, so kann nur auf die Veröffentlichungen der „Times" verwiesen werden, welche ihren Lesern Nachrichten vom Kriegsschauplatz aus erster Hand brachte. So konnte die „Times" mittels drahtloser Telegraphie unter Zuhilfenahme der Kabel 6 Stunden nach dem Fall von Port Arthur über die Kapitulation berichten.

Als wir am folgenden Tage von Chemulpo mit der Absicht weggingen, uns nach Chenampo zu wenden, sandten wir aus der Nähe von Bundegi ein drittes langes Telegramm, welches fast 2000 Worte enthielt. Dasselbe wurde im ganzen Umfange empfangen und erschien am nächsten Tage in den Spalten der Times. Wir sandten ein dringendes Telegramm, welches zur Folge hatte, daß es die Times 2 Stunden später erhielt. Wenn man die Differenz der Zeit in Betracht zieht, so erhielt die Redaktion von einer beabsichtigten Schlacht, 6 Stunden bevor dieselbe begann Nachricht. Eine ausführliche Beschreibung dieser Schlacht wurde in diesem fast 2000 Worte starken Telegramm direkt von Choda Island 145 Seemeilen zur Empfangsstation geschickt."

G. Die Zukunft der drahtlosen Telegraphie.

Die Frage, ob Kabeltelegraphie oder drahtlose Telegraphie Sieger auf dem Platze bleiben wird, ist schon oft, namentlich zur Zeit, als Marconi angeblich sein „S" über den Atlantischen Ozean telegraphiert hatte, diskutiert worden. Das Resultat wird hier wie bei dem Wettstreit aller Verkehrsorgane in dem weiteren Ausbau und der Vergrößerung sowohl der Kabel- wie auch der drahtlosen Telegraphie liegen. Durch den Bau der Telephonnetze z. B. ist der telegraphische Verkehr weder bei kleinen Strecken noch bei größeren Entfernungen zurückgegangen; im Gegenteil lehrt die Statistik, daß ein fortschreitendes Wachstum beider stattgefunden hat und noch weiterhin stattfinden wird. Hierbei ist zu beachten, daß die Grenzen des Wirkungsbereiches von Drahttelegraphie und Telephonie viel mehr ineinander übergehen, als es bei Kabeltelegraphie und drahtloser Telegraphie der Fall ist. So wird es beispielsweise der drahtlosen Telegraphie wohl kaum gelingen, Kabeltelegramme, welche aus Codewörtern, Handelszeichen und Ziffern bestehen und daher absolut genau wiedergegeben werden müssen, aus ihrem kommerziellen Arbeitsgebiet zu verdrängen. Auch die Sicherheit des Betriebes und völlige Unabhängigkeit von atmosphärischen Einflüssen wird aus physikalischen Gründen schwerlich in dem Maße von der drahtlosen Telegraphie erreicht werden können, wie sie schon jetzt die Kabeltelegraphie besitzt. Schließlich wird auch die Mehrfachtelegraphie nach verschiedener Richtung, mit welcher man beim Seekabelverkehr seit geraumer Zeit arbeitet, bei großen Entfernungen für die drahtlose Telegraphie kaum jemals in Frage kommen.

Die Telegraphiergeschwindigkeit hingegen ist schon jetzt in beiden Fällen gleich groß und kann bei weiterer Verbesserung der Apparate bei der drahtlosen Telegraphie noch erheblich gesteigert werden. Außerdem ist das in der Hauptsache nur eine Frage der Gewandtheit des Telegraphisten.

Nun aber die großen Vorteile der drahtlosen Telegraphie gegenüber der Kabeltelegraphie. Zunächst ist der Kostenaufwand zur Errichtung und Aufrechthaltung einer funkentelegraphischen Verbindung zwischen zwei Punkten für mittlere Verhältnisse etwa nur 4 mal so klein wie derjenige einer Kabelverbindung von gleicher Reichweite. Fessenden gibt für amerikanische Verhältnisse für funkentelegraphische Stationen sogar noch günstigere Zahlen an. Ferner aber hat es sich schon sehr oft herausgestellt und wird sich bei zunehmender Kolonisation von Afrika, Süd-Amerika u. s. w. in noch verstärktem Maße zeigen, daß die Verlegung von Kabeln oder Oberleitung aus elementaren Gründen unmöglich ist. (Bekanntlich knüpfen gerade die ersten Versuche mit sogenannter Induktionstelegraphie in England und den Vereinigten Staaten an derartige Verhältnisse an.) Im wesentlichen jedoch wird der Schwerpunkt der drahtlosen Telegraphie auf die Installation von Küsten- und Schiffsstationen gelegt werden müssen, und zwar wird das Hauptaugenmerk darauf zu richten sein, neben den teuren, mit allen technischen Feinheiten wie Abstimmungs-, Störungsschaltung eventuell auch gerichteter Telegraphie ausgestatteten Stationen solche zu schaffen, die billig installiert und leicht zu bedienen sind. Letztere würden dann, aus oben genannten Gründen, auf Küstenfahrzeugen und Schiffen der Handelsflotte zu installieren sein. Diesen Weg hat jetzt mit Erfolg die Gesellschaft für drahtlose Telegraphie beschritten durch den Bau ihrer „kommerziellen Stationen“, welche sich namentlich durch Billigkeit und Leichtigkeit der Bedienung bei gutem und sicherem Funktionieren der Apparate auszeichnen sollen.

So mag denn bei rüstiger Weiterarbeit der wissenschaftlichen und technischen Pioniere „der Tag nicht mehr allzu fern sein, an dem Kupferdraht, Guttaperchahüllen und Eisenband im Museum ruhen, und das elektrisch abgestimmte Ohr in Funktion tritt“, also mit anderen Worten: das Ideal auf diesem Gebiete des Verkehrswesens, die drahtlose Telephonie, Herrin der Situation ist. Zur Erforschung und Nutzanwendung der für die drahtlose Telephonie maßgebenden Gesetze führt uns aber die theoretische Erkenntnis und praktische Beherrschung der drahtlosen Telegraphie.

H. Stationenzusammenstellung.

System Telefunken.

Argentinien.
Recalada-Feuerschiff.
Rio de Santiago.
Buenos Aires.

Brasilien.
Santa Cruz (bei Rio de Janeiro).

Klein-Asien.
Güneck (im Bau).

Batavia.
2 Küstenstationen.

Afrika.
Dernah (im Bau).

China.
Tschifu.
Shanghai.
Tientsin.
Canton.

Cuba.
Habana (in Vorbereitung).
Pinos (in Vorbereitung).

Dänemark.
Blaavands-Huk.
Horns-Reff-Feuerschiff.
Vyl-Leuchtschiff.
Gjedser-Leuchtschiff.
Gjedser-Hafen.
Amager.

Deutschland.
Eider-Feuerschiff.
Weser-Feuerschiff.
Reserve-Weser-Feuerschiff.
Elb-Feuerschiff I.
Aarosund.
Bülk.
Marienleuchte.
Arkona.
Rixhoeft.
Memel.
Hörnum auf Sylt.
Brunsbüttel.
Cuxhafen.
Helgoland.
Oberschöneweide bei Berlin.
Berlin, Lindenstraße.
Berlin, Schiffbauerdamm.
Tegel bei Berlin.
Bremerhaven-Lloydhalle.
Danzig
Borkum } in Vorbereitung.
Wilhelmshaven
Treptow (Telegraphen-Bataillon, in Vorbereitung).

Dresden.
Feuerschiff Borkum-Riff.
Borkum-Leuchtturm.

Ecuador.
Guayaquil.
Puna (in Vorbereitung).

Holland.
Amsterdam.
Enkhuizen.
Stavoren.
Scheveningen-Hafen.

Mexico.
Cap Haro bei Guayamas.
Santa Rosalia.

Norwegen-Schweden.
Lofoten.
Waxholm.
Gotland.
Karlskrona.
Farösund.
Stockholm.
2 Stationen in Vorbereitung.

Österreich-Ungarn.
Musil bei Pola.
Sansego.

Portugal.
Cascaes-Seamfor bei Lissabon.

Peru.
Puerto-Bermudez.
Masisea.

Spanien.
La Coruna.
La Ferrol.

Siam.
Bangkok.
Koh-Si-Shang.

Tongking.
Hanvi.
Phu-lien.

Rußland.
2 Stationen Baikalsee.
3 Küstenstationen Mandschurei.
Petersburg.
Kronstadt.

Amerika.
Cap Elisabeth Me.
Navy Yard Portsmouth.
Cap Ann. Mass.
Navy Yard Boston Mass.
Highland Light, Cap Code Mass.
Nantucket Sheal-Lightship and
    Reliefship.
Torpedostation Newport R. J.
Navy Yard New York.
Highlands of Navesink N. J.
Cap Henry Va.
Anapolis Md.
Washington Navy Yard.
Dry Portugas Fla.
San Juan Portorico.
Culebra Westindien.
Navy Yard, Mary Island, Cal.
Naval Station, Key West Fla.
Navy Yard Pensacula Fla.
Faralon Islands Cal.
Naval Station Cavite P. J.
Cabra Island P. J.
Honulu.
Guam.
Montank Point L. J.
Geat Island (Verba Buena) Cal.
New Orleans (in Vorbereitung).

Uruguay.
Montevideo.

Marconi.

Belgien.
Nieuport (Bains).

Deutschland.
Borkum.
Borkum-Riff-Feuerschiff.

Großbritannien u. Irland.
Roche Point.
Felixtowe.
Dover.
Culver Cliff.
Portland.
Scilly Islands.
Rame Head.
Fastnet.
Flannon Island.
Butt of Lewis.
Fraserburgh.
Caister.
Crockhaven.
Holyhead.
Lizard.
Niton.
North Foreland.
Rosslare.
Withernsea.
Chelmsford.
Frinton.
Poldhu.
Haven.
Malin Head.
Inistrahull.

Holland.
Overtoom.

Gibraltar.
Untere Station.
Obere Station.

Italien.
Capo Mele (Ligurien).
Palmaria bei Spezia.
Monte Mario (Rom).
Becco di Vela auf Caprera.
Capo Sperone (Sardinien).
Forte Spuria bei Messina.
Cozza Spadaro (Capo Pasero,
　　Sizilien).
Bari.
Campovalle Serre (Elba).
Insel Ponza.
San Maria di Leuca.
Asinara (Sardinien).
Trapani.
Viesti (Monte Gargano).
Monte Capucini (Ancona).
Malamocca (Venedig).
San Rossore (bei Pisa).

Mittelmeerinseln.
Malta (westlich von La Valette).

Montenegro.
Antivari.

Canada.
Belle Isle.
Chateau Bay.
Heath Point.
Anticosti.
Sable Island.
Fame Point.
Cape Race.
Glace Bay, Neva Scotia

Costarica.
Puerto Limon Bocas del
　　Toro.

Vereinigte Staaten.	Ägypten.
New York, Dockstation.	Port Said.
New York, Great Neck L. J.	Suez.
Babylon.	Banana.
Sagaponack.	
Sia sconset.	Angela.
	Ambizette.
China.	Chile.
Peking.	Magalanes.

Ducretet-Popoff.

Rußland.	Vereinigte Staaten.
Libau.	Norfolk, Va (Navy Yard).
Kronstadt.	Key West, Fla.
Sebastopol.	Penzacola, Fla.
Taganrog.	San Juan P. R.
Cherson.	Culebra W. J.
Dagö.	Portsmouth N. H. (Navy Yard).
Norgen.	Russisch-Asien.
Hochland.	Askold (Wladiwostock).

de Forest.

Vereinigte Staaten.	Galilee N. Y.
Guatanamo (Cuba).	Atlantic City N. Y.
Portorico.	Cleveland, Ohio.
South Wellfleet, Mass (Cape Cod).	Buffalo N. Y.
Nome (Alaska).	Chicago Ill.
St. Michaels (Alaska).	Point Judith.
Fort Wetherill R. J.	Block Island.
Fort Mannsfield, Conn.	New York City.
Fort Wadsworth S. J.	Highlands of Navesink N. Y.
Fort Hancock, Sandy Hock.	Quogue L. J.
Fort Wright, Conn.	Providence R. J.
Fort Schuyler, New York, City.	Lewes, Del.
Naval Academy, Annapolis Md.	Cape Hatteras, N. G.
Washington, Navy Yard.	Key West.
Forts Preble u. Mac Kinley.	Havana.
Barmgat.	Detroit.

Cape Flattery, Washington
(Frans. Pac.).
Kansas City.
Seattle.

England.
Brighton.
Isle of Wight.

Frankreich.
Porquerolles.
Inseln Hiyères.
Cap de la Hague.
Pointe de la Couhre (Biscaya).
Ouessant-Stiff.

I. Literatur- und Patenteverzeichnis.

Abraham. Wied. Ann. 66. p. 435 [Wellen- und Erregerlänge eines gleichmäßig mit Kapazität und Selbstinduktion versehenen Drahtes. 1898].

Abraham. Wied. Ann. 2. p. 54 [Abstände der Knoten und Bäuche von Drahtwellen. 1900].

Abraham. Phys. Zeitschr. 4. p. 78 [Änderung der Schwingungsdauer durch Erdung. 1902].

Abraham. Phys. Zeitschr. 5. p. 174 [Zur drahtlosen Telegraphie. 1904].

Abraham und Hack. Ann. d. Phys. 14. p. 539 [Der lineare Oszillator. 1904].

Ader. Amerikan. Pat. No. 377879 [Telegraphievorrichtung mit Hörempfänger. 1. 7. 1887].

Adler. Ann. d. Phys. 15. p. 1026 [Über einen Kontrollapparat für Thermoelemente. 1904].

Almy. American Journ. of Sc. IV. 12. Serie. p. 175 [Abhängigkeit der Stromstärke von der Potentialdifferenz. 1901].

Algermissen. Messungen im physikal. Institut Straßburg [Beziehungen zwischen Schlagweite und Zeit nach Spannungen bei Funkenentladungen. ?].

Ancel. D. R. P. No. 148279 [Klopfer für die Frittröhre bei Empfangsstationen für drahtlose Telegraphie. 11. 9. 1902].

Ancel. Engl. Pat. No. 19483 [Transportable Station für drahtlose Telegraphie. 5. 9. 1902].

Ancel. Journal télégraphique v. 25. 5. 05 [Ströme von hoher Frequenz].

Angström. Phys. Zeitschr. 1. p. 121 [Einfluß der Hysteresis auf die Stromkurve. 1899].

Anonym. Erfindungen und Entdeckungen: Telegraphie ohne Draht. Leipzig 1899.

Appleyard. Phil. Mag. Serie 5. 43. p. 374 [Bewegung in Flüssigkeitskohärern. 1897].

Appleyard. Elements of Land Submarine and Wireless Telegraphy. London 1905.

v. Arco. ETZ 23. p. 88 [Einige funkentelegraphische Installationen der A. E. G. 1902].

v. Arco. ETZ 24. p. 6 [Über ein neues Verfahren zur Abstimmung funkentelegraphischer Stationen mit Hilfe des Multiplikators. 1903].

Armstrong und Orling. D. R. P. No. 129 668 [Vorrichtung zum Auslösen beliebiger Mechanismen auf Entfernungen durch Lichtstrahlen und andere Strahlen. 19. 5. 1899].

Armstrong und Orling. D. R. P. No. 136 606 [Einrichtung zum Auslösen von Bewegungsvorrichtungen von der Ferne aus. 30. 7. 1899].

Armstrong und Orling. D. R. P. No. 144 957 [Regelungsvorrichtung zum Füllen hohler Elektroden zur Erregung elektromagnetischer Wellen. 23. 9. 1900].

Armstrong und Orling. D. R. P. No. 146 259 [Verfahren zum Verändern der Länge der von einer aus hohlen mit Kugeln gefüllten Elektrode gebildeten Funkenstrecke ausgesandten Wellen. 17. 4. 1901].

Armstrong und Orling. D. R. P. No. 141 787 [Empfänger für elektrische Zeichenübertragung. 19. 10. 1901].

Armstrong und Orling. D. R. P. No. 146 808 [Empfänger für elektrische Zeichenübertragung. Zusatz. 10. 6. 1902].

Armstrong und Orling. Engl. Pat. No. 19640 [Kugeloszillator. 30. 7. 1900].

Armstrong und Orling. Engl. Pat. No. 19 640 [Stahlkugelkohärer mit elektromagnetischer Entfrittung. 29. 9. 1899].

Armstrong und Orling. Amerikan. Pat. No. 743 999 [Vorrichtung für drahtlose Telegraphie. 5. 2. 1902].

Armstrong und Orling. Amerikan. Pat. No. 744000 [Telephonempfänger mit Flammenanordnung. 5. 2. 1902.

Armstrong und Orling. Amerikan. Pat. No. 744 001 [Apparat zur Erzeugung von Telephonschwingungen. 5. 2. 1902].

Arno. Lumière électrique 64. p. 537 [Verluste in Kondensatoren. 1892].

Arno. ETZ 17 [Verluste in Kondensatoren. 1893].

Arno. Rendic. Acc. dei Lincei, Oktober 1899, April, November 1893, Mai, Juni, November 1894 [Dielektrische Hysteresis und Potential].

Arno. Electrician 53. p. 269 [Elektromagnetischer Wellendetektor. 1904].

Arno. ETZ 25. p. 480 [Ein neuer Wellendetektor. 1904].

Arnoux-Guerre. D. R. P. No. 147 090 [Unterbrecher für den Primärstrom von Rumkorff-Apparaten. 13. 7. 1902].

Arons. Wied. Ann. 45. p. 553 [Resonanzröhre. 1892].

Arons. Wied. Ann. 65. p. 567 [Widerstandszunahme des Körnerfritters bei Bestrahlung, Funkenbildung an Kontaktstellen des Kohärers. 1899].

Artom. Atti della Reale Academia Lincei. 15. März 1905 [Erzeugung phasenverschobener und polarisierter Schwingungen].

Artom. Amerikan. Pat. No. 770 668 [Zirkular oder elliptisch polarisierte Wellen für drahtlose Telegraphie. 3. 1. 1903].

Artom. D. R. P. No. 158 727 [Verfahren zur Übertragung von Energie in den Raum für die Zwecke der Funkentelegraphie. 3. 3. 1903].

Artom. D. R. P. No. 158 729 [Verfahren zur Übertragung von Energie in den Raum für die Zwecke der Funkentelegraphie. Zus. 3. 3. 1903].

Artom. D. R. P. No. 158 728 [Empfänger für drahtlose Telegraphie mittels kreisförmig oder elliptisch polarisierter elektrischer Wellen. 15. 11. 1903].

Artom. ETZ 25. p. 50, 942 [System gerichteter Telegraphie ohne Draht. 1904].

Artom. Verhandlungen der Kgl. Akademie des Lincei. Turin 1905 [Über ein neues System drahtloser Telgraphie].

Artom. ETZ 26. p. 730 [Richtfähige Telegraphie ohne Draht. 1905].

d'Asar. D. R. P. No. 128 414 [Vorrichtung zur Meldung der Annäherung von Schiffen. 3. 2. 1899].

d'Asar. D. R. P. No. 131 235 [Vorrichtung zur Meldung der Annäherung von Schiffen. 22. 5. 1900].

Aschkinass. Berliner Phys. Gesellschaft 13. p. 103 [Über den Einfluß elektrischer Wellen auf den galvanischen Widerstand metallischer Leiter. 1894].

Aschkinass. Naturwissenschaftliche Rundschau 10. p. 59 [Über den Einfluß elektrischer Wellen auf den galvanischen Widerstand metallischer Leiter. 1895].

Aschkinass-Mizuno. Nature 51. p. 228 [Stanniolstreifengitter als Wellen-indikator. 1895].

Aschkinass. Wied. Ann. 57. p. 408 [Zur Widerstandsveränderung durch elektrische Bestrahlung. 1896].

Aschkinass. Wied. Ann. 66. p. 284 [Kupferspitzenkohärer, Entfrittung durch Temperatursteigerung. 1898].

Aschkinass. Wied. Ann. 67. p. 842 [Antikohärenzphänomen. 1899].

Ascoli. Beiblätter 22. p. 610 [Wirkungsweise der Antennen des Righi-Erregers. 1898].

Ascoli. Elettricista 6. 1897 [Wirkungsweise der Antennen des Righi-Erregers].

Auerbach. Wied. Ann. 28. p. 604 [Kritische Dichte der Metallspäne des Kohärers. 1886].

Auerbach. Wied. Ann. 64. p. 611 [Einwirkung von Schallwellen auf den Widerstand unvollkommener Kontakte. 1898].

Baille. Ann. de Chim. et de Phys. 25. p. 486 [Über die elektrische Funkenentladung. 1882].

Baille. Ann. de Chim. et de Phys. 5. 29. p. 181 [1883]; Compt. rend. 94. 38. p. 130 [Versuche über Funkenentladungen. 1883].

Baly. Phil. Mag. 5. 35. p. 200 [Vorgänge in Gasen. 1893].

Banti. L'Elettricista, Mai und Juli 1902 [Quecksilber-(Solari-)Kohärer].

Barthelmess. D. R. P. No. 127 690 [Einrichtung zur Fernsteuerung von Torpedos und Fahrzeugen mittels elektrischer Wellen. 9. 6. 1898].

Barton. Wied. Ann. 53. p. 513 [Verhalten von Wellen auf Drähten, bei denen das Verhältnis von Selbstinduktion und Kapazität veränderlich ist. 1894].

Barton. Phil. Mag. (5) 47. p. 433 [Einfluß der Dämpfung auf den effektiven Widerstand. 1899].

Batelli und Magri. Phys. Zeitschr. 3. p. 539 [1902]; 4. p. 181 [Prüfung der Thomsonschen Schwingungsformel für oszillierende Entladung. 1902].

Batelli und Magri. Phil. Mag. (6) 5. p. 1, 620 [Eigenschwingung von Kondensatorkreisen. 1903].

Bauer. D. R. P. No. 146 765 [Verfahren zum Empfangen funkentelegraphischer Zeichen. 15. 10. 1902].

Bauer. Telegraphie ohne Draht. Berlin 1905.

v. Bayer. Ann. d. Phys. 17. p. 30 [Absorption von elektrischen Schwingungen von 70 cm Wellenlänge. 1905].

Beaulard. Journal de Phys. 9. p. 422 [Dielektrische Hysteresis. 1900].

Bedell und Crehore. Der quasistationäre Wechselstromkreis geringer Wechselzahl. 1895.

Beetz. Pogg. Ann. 111. p. 619 [Über die Elektrizitätsleitung der Kohle und Metalloxyde. Verkleinerung des Metallpulverwiderstandes durch Erwärmen. 1860]. Pogg. Ann. 128. p. 202 [1866].

Behrendsen. Wied. Ann. 66. p. 1024 [Bestimmung von Wellenlängen mit dem Kohärer. 1898].

Bendt. Die Hertzschen Versuche. Leipzig 1898.

Bellati-Lusana. Atti del Reale Instituto Veneto di Sc. 6. p. 19 [Durchgang elektrischer Ströme durch schlechte Kontakte. 1888].

Berg. Ann. d. Phys. 15. p. 307 [Zur Messung der Absorption elektrischer Wellen. 1904].

Berliner. Zeitschr. f. angew. Elektrizitätslehre 3. p. 351 [Der Mikrophonkontakt im luftleeren Raum. 1881].

Berner. D. R. P. No. 109 797 [Dreielektrodenkohärer. 15. 4. 1899].

Bernstein. Ann. d. Phys. 13. p. 1073 [Elektrische Wellen in Systemen von hoher Kapazität und Selbstinduktion. 1904].

v. Bezold. Pogg. Ann. 140. p. 541 [Fortschreitende elektrische Wellen auf Drähten. 1870].

Bichat. Assoc. franç. pour l'av. des Sciences. 15. Nancy. p. 243 [Entladungspotential bei dünnen Drähten. 1886].

Bidwell. Phil. Mag. 13. p. 347 [Temperatureinfluß auf Schwefel-Kohle-Kontakt. 1882.].

Bidwell. Proc. Roy. Soc. 35. p. 1 [Verhältnis zwischen Widerstand und Druck im Kohärer. 1883].

Biernacki. Wied. Ann. 55. p. 599 [Eine einfache, objektive Darstellung der Hertzschen Spiegelversuche. 1895].

Birkeland. Wied. Ann. 52. p. 486 [Telephon. Demonstrations-Resonanzapparat. 1894].

Birkeland. Compt. rend. 118. p. 1324 [Untersuchung von schnellen Schwingungen und Absorption der letzteren. 1894].

Bjerknes. Wied. Ann. 44. p. 74 [Ermittelung der Amplitude mit Hilfe des Quadrantelektrometers. 1891].

Bjerknes. Wied. Ann. 48. p. 592 [Dämpfung eines nahezu zum Kreise geschlossenen linearen Oszillators. Skineffekt. 1893].

Bjerknes. Wied. Ann. 47. p. 69 [Absorptionsvermögen von Metallen für elektrische Schwingungen. 1892].

Bjerknes. Wied. Ann. 55. p. 120 [Dämpfungsbestimmungen. 1895].

Black. Messungen im Straßburger Institut [Dämpfung und Widerstand von Kondensatorkreisen].

Blake. D. R. P. No. 82 509 [Verfahren zur Herstellung eines elektrischen Verkehrs zwischen dem Ufer und einem in die See vorgeschobenen Punkte. 26. 9. 1894].

Blakesley. Der quasistationäre Wechselstromkreis geringer Wechselzahl.

Bleekrode. ETZ 23. p. 783 [Einfacher telephonischer Empfänger für drahtlose Telegraphie. 1902].

Blochmann. Naturforscher-Versamml. Düsseldorf II. p. 75 [Theorie des Kohärers. 1898].

Blochmann. Telegraphie ohne Draht. Berlin 1898.

Blochmann. D. R. P. No. 113 187 [Vorrichtung zur Ermittelung der Richtung elektrischer Strahlen. 1. 4. 1898].

Blochmann. ETZ 22. p. 80 [Über die Richtfähigkeit der Wellen telegraphischer Apparate. 1901].

Blochmann-Bichel. D. R. P. No. 143 253 [Richtfähige Einrichtung zur elektrischen Funkentelegraphie. 4. 4. 1901].

Blochmann. Révue générale des Sciences pures et appl. Paris 12. No. 3 [Elektrische Strahlung zwischen 2 Stationen. 1901].

Blochmann. D. R. P. No. 141 742 [Vorrichtung zur Ermittelung der Richtung elektrischer Strahlen. Zus. 22. 4. 1902].

Blochmann. Die drahtlose Telegraphie in ihrer Verwendung für nautische Zwecke. Berlin 1903.

Blondel. Electrician 16. p. 316 [Über den Kohärer. 1898].

Blondel. Eclair. él. 16. p. 316 [Geeignete Metalle für Kohärer. 1898].

Blondel und Dobkewitsch. Compt. rend. 130. p. 1123 [Kritische E. M. K. eines Kohärers. 1900].

Blondel. Compt. rend. 130. p. 1383 [Mehrfache (Rhythmische) Telegraphie mit Monotelephonen. 1900].

Blondel. D. R. P. No. 125 372 [Verfahren zur Abstimmung von Gebe- und Empfangsstelle für mehrfache Funkentelegraphie. 6. 5. 1900].

Blondel. ETZ 22. p. 688 [Oudin-Resonator. 1901].

Blondel. Engl. Pat. No. 21 909 [Abgestimmte Telegraphie. Monotelephon-schaltung. 3. 12. 1900].

Blondel. Engl. Pat. No. 11 193 [Eiserne Türme für drahtlose Telegraphie. 16. 5. 1903].

Blondel. Engl. Pat. No. 11 427 [Gerichtete Telegraphie. 19. 5. 1903].

Blondel. Belg. Pat. No. 169 746 [Détecteur thermoélectrique. 1902].

Blondlot. Compt. rend. 113. p. 628 [Bestimmungen von v mit elektrischen Schwingungen 1891].

Blondlot. Compt. rend. 114. p. 283 [Ring-Oszillator. 1892].

Blondin. Eclairage él. 18. p. 81, 100 [Telegraphie mit Hertzschen Wellen. 1899].

Blyth. Electrician 24. p. 442 [Sichtbarmachung der Wellen durch Bewegung der Resonanzdrähte. 1890].

Boas. D. R. P. No. 138 340 [Schaltung eines oberhalb der Funkenstrecke geerdeten Gebers für Funkentelegraphie. 24. 3. 1900].

Bockmann. Ann. 23. p. 651 [Über den elektrischen Widerstand des Mikrophonkontaktes bei Bewegung. 1884].

Boltzmann. Wien. Berichte (2) 69. p. 795 [Abhängigkeit des Brechungs-exponenten von der Dielektrizitätskonstanten und Permeabilität der Substanz. 1874].

Boltzmann. Wied. Ann. 40. p. 399 [Elektroskop-Demonstrations-Resonanz-apparat. Zusammenschmelzen von Metallteilen in der Feilichtröhre. 1890].

Boltzmann. Wied. Ann. 53. p. 753 [Elektrometer und evakuierte Röhren als Wellenindikatoren. 1894].

Bonomo. Telegrafia senza fili. Rom 1902.

Borgmann. Journ. de phys. (2) 2. p. 574 [Untersuchung über die Magnetisierung in schnell veränderlichen Feldern. 1883].

Borgmann. Journal der russ. chem. Gesellschaft 18 [Erwärmung des Glases von Kondensatoren bei intermittierender Elektrizität. 1886].

Bose. Electrician. p. 291 [Elektrische Doppelbrechung bei Gesteinen. 1895].

Bose. Proc. Roy. Society 60. p. 167 [Wellenlänge elektrischer Strahlen. 1896].

Bose. Phil. Mag. (5) 43. p. 55 [Elektrische Doppelbrechung. 1897]; Compt. rend. 124. p. 676.

Bose. Electrician 44. p. 441 [1899]; 44. p. 626, 649 [Kohärer, welche Widerstandsvermehrung bei Bestrahlung zeigen. 1900].

Bose. Proc. Roy. Soc. 66. p. 452 [Verhalten verschiedener Substanzen gegen Wellen. 1900].

Bose. Electrician 47. p. 830, 877 [Kontinuierliche Änderung der E. M. K. eines Kohärers. 1901]; ETZ 20. p. 688 [1899]; Proc. Roy. Soc. 65. p. 166 [1899].

Bottone. Wireless Telegraphy and Hertzian Waves. London-New York. 1900.

Boulanger et Ferrié. La télégraphie sans fil et les ondes électriques. Paris. 4. Auflage. 1902.

Bouserath. Die elektrische Wellentelegraphie. Köln 1901.

Brandes. Phys. Zeitschr. 6. p. 503 [Über ein Vakuumthermometer. 1905].

Branly. Compt. rend. 111. p. 785 [Metallpulver und isolierende Substanzen unter dem Einfluß von elektrischen Funken. 1890].

Branly. Eclairage él. 40. p. 301, 506 [Verhalten von Feilichtröhren gegenüber elektrischen Schwingungen. 1891].

Branly. Lum. él. 40. p. 301 [Wirkung des Dielektrikums im Kohärer. 1891].

Branly. Compt. rend. 112. p. 90 [1891]; Journal de Physique 1. p. 459 [1892]; Compt. rend. 118. p. 384 [1894]; Compt. rend. 125. p. 939, 1163 [1897]; Société de Physique [Kohärenzphänomen]; Journal de Physique 8. p. 21 [Elektrischer Widerstand bei Kontakten zweier Metallscheiben. 1899].

Branly. Compt. rend. 118. p. 348 [1894]; Lumière él. 51. p. 526 [Kohärererklärung. 1894].

Branly. Compt. rend. 120. p. 869 [Elektrischer Widerstand bei Kontakten zweier Metalle. 1895].

Branly. Journal de Phys. 4. p. 273 [Studium der elektrischen Interferenzen mittels Kohärer. 1895].

Branly. Compt. rend. 127. p. 219 [Kohärenzerscheinungen bei Platten und Säulen aus verschiedenen Metallen. 1898]; Eclair. électr. 14. p. 78 [1898].

Branly. Compt. rend. 127. p. 1206 [Kohärer mit Metallspänen aus edlen Metallen. 1898]; Revue d. questions sc. 21. p. 19 [1898]; Compt. rend. 127. p. 43 [1899]; Compt. rend. 129. p. 672 [1899].

Branly. Rapports au Congrès International de Physique. Paris 1900 [Les Radioconducteurs].

Branly. Compt. rend. 128. p. 1089 [1899]; Journal de Physique 8. p. 274 [Radiokonduktoren aus Metallkugeln. 1899].

Branly. Bulletins de la Soc. de Phys. [Widerstandszunahme des Blattgoldkohärers bei Bestrahlung. 4. 1900].

Branly. Compt. rend. 130. p. 1068 [Widerstandsvermehrung bei Radiokonduktoren. 1900].

Branly. Phil. Mag. 1. p. 505 [Die Radiokonduktoren (Physiker-Kongreß, Paris, Dr. Simon). 1900].

Branly. Compt. rend. 134. p. 347 [Oxydkohärer. 1904].

Branly. Fortschritte der Physik 55 II, 56 II, 57 II [Körnerfritter und Versuche zu seiner Erklärung].

Braun. Annalen 153. p. 556 [Stromleitung durch Schwefelmetalle. 1874].

Braun. Annalen 1. p. 95 [Abweichungen vom Ohmschen Gesetz. 1877].

Braun. Wied. Ann. 60. p. 552 [Braunsche Röhre. 1897].

Braun. Berliner Sitzungsber. 1904. p. 154; Wied. Ann. 60. p. 456 [Verhalten von Metallgittern gegenüber Wellen. 1897].

Braun. Drahtlose Telegraphie durch Wasser und Luft. Leipzig 1901.

Braun. ETZ 22. p. 258 [Wellenlängen in der drahtlosen Telegraphie. 1901].

Braun. ETZ 22. p. 469 [Über einige Sendervarianten in der drahtlosen Telegraphie. 1901].

Braun. Ann. d. Phys. 8. p. 199 [Erregung stehender elektrischer Drahtwellen durch Entladung von Kondensatoren. 1902].

Braun. Ann. d. Phys. 8. p. 205 [Messungen mit Hitzdrahtinstrumenten. 1902].

Braun. Association française. Angers. August 1903 [Herstellung phasenverschobener Schwingungen und Felder].

Braun. Ann. d. Phys. 10. p. 326 [Einige Versuche über Magnetisierung durch schnelle Schwingungen. 1903].

Braun. Phys. Zeitschr. 4. p. 361 [Notizen über drahtlose Telegraphie. 1903].

Braun. Phys. Zeitschr. 5. p. 193 [Energieschaltung. 1904]; Phys. Zeitschr. 5. p. 199 [Herstellung doppelt brechender Körper aus isotropen Bestandteilen. 1904].

Braun. Ann. d. Phys. 116. p. 1 [Der Hertzsche Gitterversuch im Gebiete der sichtbaren Strahlung. 1905.]

Braun. Rede zum Antritt des Rektorates an der Universität Straßburg: Über drahtlose Telegraphie. 1905.

Braun. D. R. P. No. 109 378 [Schaltung zur Verstärkung elektrischer Wellen. 26. 1. 1899].

Braun. D. R. P. No. 115 081 [Telegraphiersystem ohne fortlaufende Leitung. 13. 7. 1898].

Braun. D. R. P. No. 111 578 [Schaltungsweise des mit einem Luftleiter verbundenen Gebers für Funkentelegraphie. 14. 10. 1898].

Braun, S. & H. D. R. P. No. 117 489 [Frittröhre für elektrische Wellen. 3. 1. 1900].

Braun. D. R. P. No. 131 305 [Regelungsvorrichtung für die Empfindlichkeit von Frittröhren. 20. 6. 1900].

Braun. D. R. P. No. 137 762 [Gerichtete Telegraphie. 2. 9. 1900].

Braun. D. R. P. No. 142 792 [Schaltung für elektrische Funkentelegraphie. 1. 1. 1901].

Braun. D. R. P. No. 136 641 [Schaltungsweise des Empfängers für elektrische Wellen. 9. 1. 1901].

Braun, S. & H. D. R. P. No. 131 141 [Unvollkommener, aus federnden, mit regelbarem Druck aufeinandergepreßten Leitern gebildeter Kontakt zum Nachweis elektrischer Schwingungen. 22. 1. 1901].

Braun, S. & H. D. R. P. No. 131 298 [Schaltungsweise für Apparate zur Kenntlichmachung elektrischer Wellen. 24. 1. 1901].

Braun. D. R. P. No. 147 398 [Schaltung zur Erhöhung der umgesetzten Energie bei der Transformation elektrischer Wellen. 31. 1. 1901].

Braun. D. R. P. No. 148 001 [Schaltungsweise für Funkentelegraphie. 28. 3. 1901].

Braun. D. R. P. No. 146 302 [Mit einem aus einzelnen Leitern zusammengesetzten Hohlspiegel verbundener Geber und Empfänger. 14. 7. 1901].

Braun. D. R. P. No. 146 303 [Mit einem aus einzelnen Leitern zusammengesetzten Hohlspiegel verbundener Geber und Empfänger. 1. 8. 1901].

Braun. D. R. P. No. 143 605 [Empfangsschaltung für drahtlose Telegraphie. 2. 8. 1901].

Braun, S. & H. D. R. P. No. 154 598 [Empfangsschaltung für Funkentelegraphie. 17. 8. 1901].

Braun, S. & H. D. R. P. No. 140 962 [Einrichtung zur Regelung der Empfindlichkeit eines Fritters. 22. 10. 1901].

Braun, S. & H. D. R. P. No. 143 510 [Verfahren zur Beeinflussung der elektrischen Eigenschaften der für Funkentelegraphie verwendeten Sender und Empfänger. 27. 3. 1902].

Braun, S. & H. D. R. P. No. 161 828 [Schaltung zur Erzeugung elektrischer Oszillationen, insbesondere für funkentelegraphische Senderstationen. 18. 1. 1903].

Braun. D. R. P. No. 148 455 [Morsetaster zur Übermittelung funkentelegraphischer Nachrichten. 21. 2. 1903].

Braun, S. & H. D. R. P. No. 149 686 [Schaltungseinrichtung zur Erzeugung schneller Schwingungen. 27. 2. 1903].

Braun, S. & H. D. R. P. No. 149 350 [Apparat zur Bestimmung der Wellenlänge und zur Beobachtung der Schwingungsvorgänge in einem elektrischen Schwingungssystem. 4. 4. 1903].

Braun, S. & H. D. R. P. No. 152 054 [Verfahren zum Empfangen elektrischer Schwingungen unter Benutzung elektrolytischer Zellen. 15. 5. 1903].

Braun. D. R. P. No. 152 300 [Verfahren zur Erzeugung länger andauernder, schneller elektrischer Schwingungen. 1. 8. 1903].

Brillouin. Propagation de l'électricité, histoire et théorie. Paris 1904 [Fortpflanzungsgeschwindigkeit von Wellen längs Drähten].

Broca. Compt. rend. 128. p. 356 [Entladungen im Vakuum. 1896].

Broca. Revue génér. d. sc. p. et appl. 10. p. 507 [Die Organe der drahtlosen Telegraphie. 1899].

Broca. La télégraphie sans fil. Paris 1900.

Broca und Turchini. ETZ 26. p. 732 [1905]; Compt. rend. v. 8. 5. 1905 [Untersuchung der Kelvinschen Formel für den Wechselstromwiderstand von Drähten].

v. Bronck. D. R. P. No. 137 800 [Verfahren zur Herstellung lichtempfindlicher Selenzellen. 22. 9. 1901].

Brooks. Phil. Mag. (6) 2. p. 92 [Messung des Dämpfungsdekrementes von Schwingungen. 1901].

Brown. Electrician v. 21. 3. 1883 [Induktionstelegraphie].

Brown. Eclairage él. 40. p. 91 [Die praktische Anwendung des Kohärers. 1897].

Brown. Engl. Pat. No. 19 710 [Entfrittung durch Wechselströme oder rotierende permanente Magnetfelder. 1900].

Bull. D. R. P. No. 124 151 [Verfahren zum gleichzeitigen Übertragen mehrerer Nachrichten über dieselbe Leitung. 29. 6. 1899].

Bull. Engl. Pat. No. 11 824 [Vorrichtung für Mehrfachtelegraphie mittels getrennter Wellenemissionen. 29. 6. 1900].

Bull. ETZ 22. p. 109 [Apparat für Mehrfachtelegraphie. 1901].

Bull. ETZ 24. p. 121 [Ein neues System abgestimmter Telegraphie. 1903].

Burke. D. R. P. No. 151 733 [Verfahren und Vorrichtung zur Übermittelung von Nachrichten nach dem Morsealphabet bei der drahtlosen Telegraphie. 14. 7. 1903].

Burry. Amerikan. Pat. No. 696 715 [Kollektoranordnung für mehrere Kohärer. 6. 12. 1899].

Busceni. Electrician v. 7. 4. 1905 [Absorption von Wellen durch Säuren].

Calzecchi-Onesti. Nuovo Cim. (3) 17. p. 38 [Leitungswiderstand von Metallspänen. 1885].

Calzecchi-Onesti. Nuovo Cim. 16. p. 58 [1884]; 17. p. 38 [Auf elektromagnetische Schwingungen reagierende Feilichtröhren. 1885].

Calzecchi. Nuovo Cim. 19. p. 24 [Über ein neues Seismoskop. 1886].

Calzecchi. Nuovo Cim. 6. p. 214 [Über den Metallpulveranalysator. 1897].

Campanile und Ciomo. L'Elettricista. März 1900 [Bewegung in Flüssigkeitskohärern].

Campanile und Ciomo. Phys. Zeitschr. 1. p. 356 [Beitrag zur Kenntnis der Kohärer. 1900].

Cantor. Wied. Ann. 107. Abt. II a. [1898]; ETZ 20. p. 223 [Über die Entladungsform der Elektrizität in verdünnter Luft. 1898].

Cantor. D. R. P. No. 121 959 [Strahlenempfindlicher Berührungswiderstand. 27. 9. 1899].

Cantor. D. R. P. No. 114 072 [Elektrisches Relais. 29. 9. 1899].

Cardani. Rend. Acc. dei Lincei 4. p. 44 [Elektrische Funkenentladung. 1888].

Cardani. Nuovo Cim. (4) 7. p. 239 [Permeabilität von weichen Eisendrähten bei schnellen Schwingungen. 1898].

Cerebonani-Silbermann. D. R. P. No. 158 281. [Schaltungsweise des Empfängers für Funkentelegraphie. 18. 12. 1903].

Cervera. D. R. P. No. 128 311 [Schreibvorrichtung zur Übertragung von Zeichen mittels elektrischer Wellen ohne fortlaufende Leitung. 13. 9. 1899].

Chant. Phil. Mag. (6) 3. p. 425 [Nachweis, daß die Größe der Entmagnetisierung durch schnelle Schwingungen von der ersten Amplitude abhängig ist. 1902].

Chant. American Journal of Science 13. 1. 1902 [An Experimental investigation in to the „skin" effect in electrical oscillations].

Chant. Am. J. of Sc. 15. 1. 1903 [The variation of potential along a wire transmitting electrical waves].

Chant. Am. J. of Sc. 17. 1. 1904 [The variation of potential along transmitting antenna in wireless Telegraphy].

Chant. Phil. Mag. (6) 7. p. 124 [Einfluß der der stehenden Welle vorausgehenden fortschreitenden Welle. 1904].

Child. Physical Review 3. p. 387 [Änderung des Widerstandes im Stanniol durch elektrische Wellen. 1896].

Clark. Amerikan. Pat. No. 741 676 [Kohärer. 10. 9. 1902].

Clark. Engl. Pat. No. 21 653 [Kohäreranordnung. 8. 10. 1903].

Clark, W. T. T. Co. D. R. P. No. 158 726 [Fritter für drahtlose Telegraphie. 10. 10. 1903].

Clausen. Neue Erscheinungen auf dem Gebiete der Physik. Berlin 1900.

Claverie. Compt. rend. 101. p. 947 [Magnetisierung durch elektrische Entladungen. 1885].

Clement. Engl. Pat. No. 2598 [Abgestimmte Telegraphie mit Kohärer und Telephon. 3. 2. 1903].

Cohn. Wied. Ann. 45. p. 370 [Bestimmung der Dielektrizitätskonstante von Flüssigkeiten bei hohen Wechselzahlen und ihre Abhängigkeit von der Wechselzahl. 1892].

Cohn. Das elektromagnetische Feld. Leipzig 1900.

Cohn. Berliner Sitzungsberichte 1903. p. 598 [Einfluß des Dielektrikums und der Permeabilität auf die Reflexion elektrischer Wellen. 1903].

Cole und Cohen. Engl. Pat. No. 5543 [Selektor f. Mehrfachtelegr. 14. 3. 1899].

Cole und Cohen. Engl. Pat. No. 7641 [Anordnungen zur Überbrückung großer Entfernungen mittels Zwischenstationen. 11. 4. 1899].

Collino. Amerikan. Pat. No. 644 497 [Elektromagnetische Entfrittung].

Collins. Wireless Telegraphy, its history, theory and practrice. New York 1906.

Coolidge. Wied. Ann. 67. p. 578 [Veränderung des Blondlot-Erregers. 1899].

Corbino. Atti assoc. electr. ital. [Aufnahme von Magnetisierungskurven. 1903].

Cremer. Zeitschr. f. Biologie 46. p. 377 [Fleischl-Effekt. 1904].

Creveling. Amerikan. Pat. No. 761 415 [Detektoranordnung. 11. 4. 1903].

Croft. Chem. Soc. 68. p. 219 [Elektrische Strahlen in Kupferfeilspänen. 1893].

Davy. Phil. Trans. [Magnetisierung von Stahlnadeln. 1821].

De Forest. Amerikan. Pat. No. 716 203 [Konduktor mit variablem Widerstand. 1. 9. 1900].

De Forest. Amerikan. Pat. No. 10 452 [Flüssigkeitsdetektor nach Kohärerprinzip. 6. 5. 1902].

De Forest. Electrician 52. p. 171 [Elektrolytischer Wellenindikator. 1903].

De Forest. ETZ 24. p. 1089 [Sendestation für drahtlose Telegraphie. 1903].

De Forest. Porges Magazine. Dezember 1903. p. 517 [Responder].

De Forest. ETZ 24. p. 24, p. 258, p. 371, p. 641, p. 888 [Funkentelegraphie. 1903].

De Forest. D. R. P. No. 157 346 [Abstimmverfahren für drahtlose Telegraphie. 4. 3. 1903].

De Forest. D. R. P. No. 161 898 [Vorrichtung zur Transformation der Schwingungen in Leiteranordnungen von der Form des Leitersystems bei der drahtlosen Telegraphie. 4. 3. 1903].

De Forest. D. R. P. No. 772 878 [Magnetischer Detektor. 20. 6. 1903].

De Forest. ETZ 25. p. 9, p. 50, p. 154, p. 236, p. 547, p. 844, p. 926, p. 977, p. 1117 [Drahtlose Telegraphie System de Forest. 1904].

De Forest. Electrician 54. p. 94 [Referat über elektrolytische Detektoren. 1904].

De Forest. Amerikan. Pat. No. 771 820 [Schutzvorrichtung für Hochfrequenzapparate. 9. 6. 1904].

De Forest. ETZ 26. p. 101, p. 476 [System der drahtlosen Telegraphie. 1905].

De Forest. Electrician v. 30. 6. 1905 [Drahtlose Telegraphie in fahrenden Eisenbahnzügen].

Dell. Electrical World 33. p. 839 [Entfrittungsvorrichtung. 1899].

Della Ricia. Gli apparechi di Marconi e le esperienze alla Spezia. Rom 1897.

Dervin. D. R. P. No. 119 686 [Frittröhre mit Füllung von Gold, Silber, Platin oder deren Legierungen. 11. 4. 1900].

Dina. ETZ 21. p. 740 [Über die magnetische Hysteresis eines Körpers in einem rotierenden Felde. 1900].

Dönitz. ETZ 24. p. 1024 [Wellenmesser. 1903].

Dolezalek und Ebeling. ETZ 23. p. 1059 [Untersuchung von Pupinspulen. 1902].

Dolezalek. Ann. d. Phys. 12. p. 1142 [Messung von Induktionskoeffizienten. 1903].

Domacip und Kolazeck. Wied. Ann. 57. p. 731 [Magnetische Kopplung. Teslatransformator. 1896].

Donath. Wied. Ann. 69. p. 861 [Aufnahme von Schwingungskurven mit der Braunschen Röhre. 1899].

Dormann. Amerikan. Pat. No. 742 298 [Quecksilberkohärer. 28. 1. 1903].

Dorn. Wied. Ann. 66. p. 146 [Kohärenzuntersuchungen verschiedener Metallspäne, Vakuumkohärer. 1898].

Dorn. Ann. d. Phys. 16. p. 784 [Heliumröhren als Indikatoren für elektrische Wellen. 1905].

Drago. Ac. Catania [Sept. 1900]; Beiblätter 24. p. 1208 [Untersuchung über die Wirkung von Schallwellen auf den Kohärer. 1900].

Dragomuis. Nature 39. p. 548 [Kenntlichmachung des Resonator funkens durch Geißlerröhren, der photographischen Platte etc. 1889].

Dragomuis. Zeitschr. f. phys. u. chem. Unterricht [Klingel-Demonstrations-Resonanzapparat. 1895].

Drude. Physik des Äthers. 1894.

Drude. Wied. Ann. 60. p. 1 [Verhalten von graden Drähten und Spulen als Antennen. 1897].

Drude. Wied. Ann. 65. p. 481 [Messung von elektrischen Wellenlängen mittels Interferenzröhren. 1898].

Drude. Wied. Ann. 65. p. 499 [Absorption elektrischer Wellen durch Wasser. 1898].

Drude. Ann. d. Phys. 9. p. 293 [Ermittelung der Wellenlänge von Drahtspulen. 1902].

Drude. Ann. d. Phys. 9. p. 590 [Selbstpotential von Solenoiden. 1902].

Drude. Ann. d. Phys. 9. p. 601 [Wellenmesser. 1902].

Drude. Ann. d. Phys. 8. p. 957 [Untersuchungen von Drahtspulen, Teslatransformatoren. 1903].

Drude. Ann. d. Phys. 11. p. 965 [Berechnung der Eigenschwingung des Oszillators. 1903].

Drude. Ann. d. Phys. 13. p. 512 [Über induktive Erregung zweier elektrischer Schwingungskreise mit Anwendung auf Perioden- und Dämpfungsmessung, Teslatransformatoren und drahtlose Telegraphie. 1904].

Drude. Ann. d. Phys. 14. p. 709 [Bestimmung von Wechselzahlen, Resonanz, Dämpfung. 1904].

Drude. Phys. Zeitschr. 5. p. 745 [Theorie und Praxis in der drahtlosen Telegraphie. 1904].

Drude. Ann. d. Phys. 16. p. 116 [Rationelle Konstruktion von Teslatransformatoren. 1905].

Drude. ETZ 26. p. 239 [Die Eichung von Wellenmessern, insbesondere beim Slabyschen Multiplikationsstabe. 1905].

Drude. Phys. Zeitschr. 6. p. 503 [Theorie und Praxis in der drahtlosen Telegraphie. 1905].

Ducretet. Compt. rend. 126. p. 1266 [Über die Telegraphie ohne Draht mit der Branlyschen Röhre. 1898].

Ducretet. Engl. Pat. No. 9791 [Dreielektrodenkohärer. 9. 5. 1899].

Ducretet. Compt. rend. 134. p. 92 [Versuche über die Leitfähigkeit des Erdbodens für drahtlose Telegraphie. 1902].

Dudell. Electrician 48. p. 722. [1902]; 51. p. 48 [Erzeugung ungedämpfter Schwingungen. 1903].

Dudell. Phil. Mag. (6) 9. p. 299 [Dynamos hoher Frequenz. 1905].

Dudell und Taylor. Electrician vom 2. 6. 1905 [Messungen an einem System der drahtlosen Telegraphie].

Düggelin. Vierteljahresschrift der naturforschenden Gesellschaft, Zürich. 40. p. 2 [Wärmetönung bei elektrischer Polarisation des Glases. 1895].

Düggelin. Vierteljahresschrift der naturforschenden Gesellschaft. Zürich 40. p. 121 [1895]; Beiblätter 20. p. 138 [Verluste in Kondensatoren. 1896].

Du Moncel. Compt. rend. 81. p. 766 [Abhängigkeit des Widerstandes einer Feilichtröhre von der Erwärmung. 1875].

Earhart. Phil. Mag. (6) 1. p. 147 [Entladungspotential in Luft. 1901].

Ebeling. ETZ 23 p. 1059 [Untersuchungen über telephonische Fern leitungen Pupinschen Systems. 1902].

Ebert. Magnetische Kraftfelder. Leipzig 1905.

Ecclès. Electrician 47. p. 682, p. 715 [Verkleinerung der E. M. K. des Kohärers. 1901].

Eckström. 10. Jahresb. d. phys. Gesellschaft. Zürich [Methoden zur Untersuchung der charakteristischen Größen bei elektrischen Schwingungen. 1898].

Edison. Nature 18. p. 368 [Mikrotasimeter. Widerstandsänderungen bei kleinen Längenänderungen. 1878].

Edison. Scient. Ann. 39. p. 35 [Kohlerheostat. 1878].

Ehret. Amerikan. Pat. No. 710 355 [System für drahtlose Telegraphie. 3. 12. 1901].

Ehret. Amerikan. Pat. No. 710 354 [System für drahtlose Telegraphie. 3. 12. 1901].

Eichenwald. Wied. Annalen 62. p. 571 [Absorption elektromagnetischer Wellen. 1897].

Eichhorn. Diss. Zürich. 1901 [Untersuchungen elektrischer Oszillationen].

Eichhorn. D. R. P. No. 157 056 [Schaltungsanordnung zur Erzeugung elektrischer Schwingungen. 20. 12. 1903].

Eichhorn. Die drahtlose Telegraphie, auf Grund eigener praktischer Erfahrungen. Leipzig 1904.

Einthoven. Ann. d. Phys. 16. p. 20 [Über eine neue Methode zur Bestimmung der Dämpfung oszillierender Galvanometerausschläge. 1905].

Elster. Verhandl. d. deutsch. Phys. Gesellschaft 2. p. 7 [Verzögerung bei Funkenentladung und Einwirkung durch Becquerelstrahlen. 1900].

Elster und Geitel. Verhandl. d. deutsch. phys. Gesellschaft 1. p. 7 [Über die elektrische Funkenentladung. 1900].

Emden. Sitzungsber. d. bayr. Akademie 22 [Abhängigkeit des Selbstinduktionskoeffizienten von der Schwingungsdauer. 1892].

Engelmann und Krebs. Zeitschr. f. phys. und chem. Unterricht 1. p. 170 [Regulierbare Widerstände aus Graphit und Kohle. 1898].

Ernecke. Über elektrische Wellen und ihre Anwendung, zur Demonstration der Telegraphie ohne Draht nach Marconi. Berlin 1897].

Ernst, M. Wireless Telegraphy and Telephony (System Orling-Armstrong). London. Electricity Office. 1902.

ETZ 22. p. 161 [Warnsignale für Schiffe mit drahtloser Telegraphie. 1901].

ETZ 22. p. 604 [Versuche des Wetterbureaus der U. S. A. mit Funkentelegraphie. 1901].

ETZ 22. p. 875 [Versuche mit drahtloser Telegraphie zwischen Orten mit großen Höhenunterschieden. 1901].

ETZ 23. p. 927 [Internationale Konferenz für Funkentelegraphie. 1902].

Evershed und Vignoles. Electrician 29. p. 582 [Magnetisierungserscheinungen in schnell veränderlichen Feldern. 1892].

Evershed. Electrician 42. p. 332 [Relais, bestehend aus dünnen Drähten, die zwischen den Polen eines Magneten drehbar aufgehängt sind. 1898].

Evoy. D. R. P. No. 71 443 [Elektrische Vorrichtung zum Anzeigen von Geräuschen an entfernten Orten. 9. 11. 1892].

Ewing und Walter. Proc. Roy. Soc. 73. p. 120 [Elektromagnetischer Wellendetektor. 1904].

Ewing und Walter. ETZ 25. p. 342 [Ein neuer Wellendetektor. 1904].

Fahie. History of Wireless Telegraphy. London. 1. Aufl. 1899. 2. Aufl. 1901.

Farchi. Il telegrapho senza fili di G. Marconi. Florenz 1897.

Feddersen. Pogg. Ann. 108. p. 497 [1859]; 112. p. 451 [1861]; 113. p. 437 [1861]; 116. p. 132 [1862]; Entladung von Kondensatoren. Spiegeluntersuchungen.

Feddersen. Pogg. Ann. 103. p. 69 [1858]; 130. p. 439 [Entladung einer Leidenerflasche. 1858].

122   Literatur- und Patenteverzeichnis.

Feddersen. Pogg. Ann. 130. p. 439 [Stromverteilung in Kondensatorschwingungskreisen. 1867].

Ferraris. Die wissenschaftlichen Grundlagen der Elektrotechnik. Leipzig 1901.

Ferrié. D. R. P. No. 118 335 [Verfahren zum Telegraphieren mit Hilfe von Wechselströmen. 30. 1. 1900].

Ferrié. Congrès international d'électricité, Exposition universelle. 1900 [Kohärer, Flüssigkeitsdetektor].

Ferrié. Eclairage électr. 24. p. 499 [Betrachtung des Kohärers als Kondensator. 1901].

Ferrié. Compt. rend. 136. p. 312 [Verwendung eines Hitzdrahtinstrumentes bei Marconi-Sender. 1903].

Ferrié. Journal de phys. (4). 3. p. 782 [Empfangsschaltung].

Fessenden. Physical Rev. Januar 1900 [A determination of the nature of the electric and magnetic qualities of the density and elasticity of the ether].

Fessenden. Amerikan. Pat. No. 777 014 [Apparat zum Empfangen und Senden drahtloser Signale. 2. 6. 1900].

Fessenden. Amerikan. Pat. No. 706 738 [Empfänger. Transformator. 29. 5. 1901].

Fessenden. Amerikan. Pat. No. 12 168 [Gebe- und Empfangsvorrichtung für drahtlose Telegraphie. 20. 10. 1903].

Fessenden. Amerikan. Pat. No. 12 169 [Gebe- und Empfangsvorrichtung für drahtlose Telegraphie. 20. 10. 1903].

Fessenden. Amerikan. Pat. No. 715 043 [Stromempfänger für elektromagnetische Wellen. 27. 8. 1902.

Fessenden. Electrical World and Engineer v. 29. 7. 1901 [Zylinderantennen].

Fessenden. D. R. P. No. 143 035 [Verfahren zur ausschließlichen Übertragung von Zeichen auf einen bestimmten Empfänger. 13. 8. 1902].

Fessenden. D. R. P. No. 143 386 [Verfahren zum Telegraphieren mit elektrischen Wellen. 13. 8. 1902].

Fessenden. D. R. P. No. 148 539 [Abstimmvorrichtung für die bei der drahtlosen Telegraphie verwendeten offenen Schwingungssysteme. 13. 8. 1902].

Fessenden. D. R. P. No. 149 920 [Empfänger für elektrische Wellen. 13. 8. 1902].

Fessenden. D. R. P. No. 156 101 [System der drahtlosen Telegraphie. 13. 8. 1902].

Fessenden. D. R. P. No. 156 113 [Verfahren zur Übermittelung von hörbaren Zeichen durch elektromagnetische Wellen. 13. 8. 1902].

Fessenden. D. R. P. No. 157 343 [Vorrichtung zur Übertragung von Kraft und Zeichen mittels elektromagnetischer Wellen. 13. 8. 1902].

Fessenden. D. R. P. No. 157 344 [Sender für Wellentelegraphie. 13. 8. 1902].

Fessenden. D. R. P. No. 157 345 [Vorrichtung zur Übertragung von Kraft und Zeichen mittels elektromagnetischer Wellen. 13. 8. 1902].

Fessenden. D. R. P. No. 158 538 [Empfänger für elektromagnetische Wellen. 3. 12. 1902].

Fessenden. Engl. Pat. No. 17 705 [Bolometer und Schaltungen. 12. 8. 1902].

Fessenden. Engl. Pat. No. 28 291 [Elektrolytischer Detektor. 9. 4. 1903].

Fessenden. Electrical World No. 12 [1903]; Electrician 51. p. 1042 [Elektrolytischer Detektor „Barretter". 1903].

Fessenden. ETZ 24. p. 586 [Fessenden-System. Bolometer. 1903].

Fessenden. ETZ 24. p. 1015 [Elektrolytischer Detektor. 1903].

Field. ETZ 26. p. 101 [System der drahtlosen Telegraphie. 1905].

Fleming. Engl. Pat. No. 18 865 [Hochspannungsdynamo und Unterbrecher. 22. 10. 1900].

Fleming. Engl. Pat. No. 20 576 [Kühlvorrichtung für Funkenstrecken. 14. 11. 1900].

Fleming. Engl. Pat. No. 22 126 [Kombinierte Mehrfachtransformator-Kondensatorschaltung. 5. 12. 1900].

Fleming. Engl. Pat. No. 23 163 [Fahrbare Station. 18. 12. 1900].

Fleming. Engl. Pat. No. 3481 [Hochspannungstransformator. 18. 2. 1901].

Fleming. Engl. Pat. No. 24 825 [Kondensatorschaltung. 5. 12. 1901].

Fleming-M. W. T. D. R. P. No. 126 557 [Erreger für funkentelegraphische Geber. 11. 4. 1901].

Fleming-M. W. T. D. R. P. No. 126 558 [Verfahren zur Erzeugung funkentelegraphischer Zeichen. Zus. 13. 4. 1901].

Fleming. Proc. Roy. Soc. p. 347 [Arbeiten mit dem magnetischen Detektor. 1902].

Fleming-M. W. T. D. R. P. No. 126 559 [Verfahren zur Erzeugung funkentelegraphischer Zeichen. Zus. 13. 4. 1901].

Fleming-M. W. T. D. R. P. No. 126 568 [Verfahren zur Erzeugung funkentelegraphischer Zeichen. Zus. 13. 4. 1901].

Fleming. Phys. Zeitschr. 4. p. 608 [Magnetischer Wellendetektor. 1903].

Fleming. Proc. Roy. Soc. 71. p. 398 [Magnetischer Wellendetektor. 1903].

Fleming. Phil. Mag. 8. p. 417 [Untersuchung der Eigenschwingung von Spulen. 1904].

Fleming. Elektromagnetische Schwingungen von Zeuneck. p. 267 [Wechselstrommesser. 1905].

Fleming. Electrician vom 31. 3. 1905 [„Cymometer", ein Apparat zum Messen der Frequenz elektrischer Schwingungen].

Fleming. Hertzian Waves, Wireless Telegraphy. London 1905.

Forcarth. D. R. P. No. 125 349 [Verfahren zur telegraphischen Übertragung von Schriften etc. mittels Selenzellen. 27. 10. 1898].

Foresio. D. R. P. No. 147 003 [Relaisschaltung für Funkentelegraphie. 30. 7. 1899].

Fritz. Diss. Zürich 1898 [Über Wärmetönung bei elektrischer Polarisation des Glases].

Fromme. Wied. Ann. 58. p. 96 [Über die Änderung der Leitfähigkeit durch elektrische Einflüsse. 1896].

Galopin. D. R. P. No. 123 971 [Telephonischer Empfänger für Funkentelegraphie. 6. 6. 1900].

Ganz. Annal. d. Phys. 13. p. 634 [Magnetostriktion ferromagnetischer Körper. 1904].

Gardner. D. R. P. No. 139 512 [Verfahren und Einrichtung zur Erzielung verschiedener Fernwirkungen mittels Ätherschwingungen. 21. 1. 1902].

Gaugin. Ann. de chim. et de phys. 8. p. 75 [Untersuchungen über das Entladungspotential. 1866].

Gehrke. ETZ 26. p. 697 [Über die Messung der Wellenlänge elektrischer Schwingungen. 1905].

Geißen. Diss. Straßburg 1905 [Stehende Wellen längs Spulen. Verhältnis zwischen Selbstinduktionskoeffizient und Wellenlänge].

v. Geitler. Wied. Ann. 49. p. 184 [Reflexionserscheinungen bei Drahtwellen. 1893].

v. Geitler. Wied. Ann. 55. p. 513 [1895]; 57. p. 412 [1896]; 66. p. 999 [Komplizierter Hertzscher Erreger. 1898].

v. Geitler. Wied. Ann. 57. p. 428 [Galvanische Koppelung und Resonanzkurven. 1896].

General Electric Co. Engl. Pat. No. 11 834 [Hochspannungskondensator. 24. 5. 1902].

Gerdien. Phys. Zeitschr. 5. p. 294 [Messung kleiner Kapazitäten mittels einer meßbar veränderlichen Normalkapazität. 1904].

Giltay. ETZ 22. p. 99 [Vorschlag zu einer neuen einfachen Methode der Vielfachtelegraphie. 1901].

Glaubitz. Electrician 53. p. 447 [A Ferraris field detector of Hertzian waves. 1904].

Gray. Proc. Roy. Soc. 56. p. 49 [Untersuchnng von Magnetisierung in schnell veränderlichen Feldern. 1894].

Gregory. Phil. Mag. (5) 29. p. 54 [Sichtbarmachung der Wellen durch Benutzung der entstehenden Wärme im Resonator. 1890].

Grimsehl. Phys. Zeitschr. 1. p. 343 [Quecksilberunterbrecher für Funkeninduktoren. 1900].

Grimsehl. Phys. Zeitschr. 6. p. 379 [Die Sichtbarmachung stehender elektrischer Schwingungen. 1905].

Grosse. Der Äther und die Fernkräfte mit besonderer Berücksichtigung der Wellentelegraphie. Leipzig 1898.

Guarini. Engl. Pat. No. 25 591 [Überbrückung großer Distanzen mittels Zwischenstationen. 27. 12. 1899].

Guarini-Foresio. Transmissions de l'électricité sans fil. Liège. 2. Aufl. 1900.

Guarini-Poncelet. ETZ 21. p. 937 [Schirmwirkung des menschlichen Körpers. 1900].

Guarini. ETZ 22. p. 638 [Versuche mit drahtloser Telegraphie zwischen Brüssel-Mecheln-Antwerpen. 1901].

Guarini. Bull. de la Soc. Belge des Electriciens. 18 [Antennen bestehend aus Draht, welche mit konzentrischen Blechzylindern umgeben sind. 1901].

Guarini. ETZ 24. p. 751 [Übertragungsvorrichtung für Funkentelegraphie. 1903].

Guarini. Les dernières expériences de Marconi. Bern 1903.

Guarini. Sci. Am. Sup. v. 25. 2. 1905 [Versuche mit drahtloser Telegraphie auf dem Eiffelturm].

van Gulik. Diss. Groningen [1896]; Beiblätter 20. p. 659 [1896]; Beiblätter 21. p. 140 [Über die Ursache der Widerstandsänderung in mikroskopischen Kontakten. 1896].

van Gulik. Wied. Ann. 66. p. 136 [Funkenerscheinungen an den Kohärerkontakten, oxydierte Einzelkontakte. 1898].

Guthe und Trowbridge. Physical. Rev. 11. p. 22 [Kritische E.M.K. eines Kohärers. 1900].

Guthe. Ann. d. Phys. 1. p. 762 [Widerstandszu und -abnahme von Kohärern. 1901].

Guthe. Ann. d. Phys. 5. p. 818 [Funkenentladung. 1901].

Guthe. Electrician 54. p. 92 [Körnerfritter und Erklärungsversuche desselben. 1904].

Gutton. Compt. rend. 125. p. 569 [Über die Form der Kraftlinien in der Nähe eines Hertzschen Resonators. 1897].

Gutton. Arch. de Genève [Über die elektromagnetischen Schirme. 1898].

Gutton. Compt. rend. 128. p. 1508 [Die Geschwindigkeit elektrischer Wellen in Luft und längs Drähten. 1899].

Guy und Herzfeld. Compt. rend. 136. p. 957 [Untersuchung der Magnetisierung im schnell veränderlichen Felde. 1903].

Guy und Schidlof. Arch. d. sc. phys. p. 576 [Magnetisierung in veränderlichen Feldern. 1904].

Hack. Ann. d. Phys. 14. p. 539 [Das elektromagnetische Feld in der Umgebung eines linearen Oszillators. 1904].

Haga. Wied. Ann. 56. p. 571 [Über den Einfluß elektrischer Wellen auf den galvanischen Widerstand metallischer Leiter. 1895].

Hagen und Rubens Ann. d. Phys. 11. p. 873 [Reflexion elektromagnetischer Wellen (Lichtwellen) an Metallen. 1903].

Hagenbach. Ann. d. Phys. 13. p. 362 [Über den Doppeleffekt im elektrischen Funken. 1904].

Hanchett. ETZ 24. p. 520 [Mikroskopische Untersuchungen der Kohärer. 1903].

Hankel. Pogg. Ann. 65. p. 537 [1845]; 69. p. 321 [Magnetisierung von Stahlnadeln, die durch elektrische Schwingungen magnetisch werden. 1846].

Härdén. ETZ 21. p. 272 [1900]; Zeitschr. f. physik. u. chem. Unterricht 13. p. 294 [Untersuchungen über die Wirkungsweise des Fritters. 1900].

Härdén. Physik. Zeitschr. 5. p. 75 [Induktion im Vakuum. 1904].

Härdén. Physik. Zeitschr. 5. p. 75 [Beitrag zur Kenntnis der Wirkungsweise des Kohärers. 1904].

Harriet-Brooks. Canada Trans. 5. p. 13 [Damping of ecletrical oscillations. 1899].

Hauswaldt. Wied. Ann. 65. p. 479 [Quecksilbermotorunterbrecher mit knieförmig gebogenen Speichen. 1898].

Haworth. Engl. Pat. No. ? [Elektromagnetische Telegraphie mit langsamen Schwingungen. 1862].

Heaviside. Electrical Papers, London. I. p. 363 [Energieverbrauch der Wirbelströme in Metallzylindern und Ringen. 1892].

Heaviside. Electrical Papers, London. II. p. 502 [Verfahren zur Bestimmung von Selbstinduktionskoeffizienten. 1892].

Heerwagen und Cohn. Wied. Ann. 43. p. 343 [Elektrisches Feld eines Kondensators bei hohen Schwingungszahlen. 1891].

Heidweiller. Hilfsbuch für die Ausführung elektrischer Messungen.

Heinke. ETZ 18. p. 57 [Verluste in Kondensatoren. 1897].

Heinke und Nöbels. Telegraphie und Telephonie. Leipzig 1901.

v. Helmholtz. Die Erhaltung der Kraft [Oszillierende Entladung. 1847].

Hemplinne. Zeitschr. f. phys. Chemie 25. p. 284 [Über die Zersetzung einiger Stoffe unter dem Einfluß elektrischer Schwingungen. 1898].

Henry. Scientific Writings 1. p. 201 [Intermittierende Entladung. 1842].

Henry. Trans. of the A. phil. Soc. 6. p. 17; Pogg. Ann. Ergänzungsband 1. p. 300 [Magnetisierung von Stahlnadeln. 1842].

Hermann. Ann. d. Phys. 12. p. 932 [Über elektrische Wellen in Systemen von hoher Kapazität und Selbstinduktion. 1903].

Hermann-Gildemeister. Ann. d. Phys. 14. p. 1031 [Weitere Versuche über elektrische Wellen in Systemen von hoher Kapazität und Selbstinduktion. 1904].

Hermann. Ann. d. Phys. 17. p. 501 [Über die Effekte gewisser Kombinationen von Kapazität und Selbstinduktion. 1905].

Hertz. Wied. Ann. 31. p. 421 [Ausbreitung der elektrischen Kraft. 1887].

Hertz. Wied. Ann. 34. p. 155 [Klassische Versuche mit elektrischen Wellen. 1888].

Hertz. Wied. Ann. 34. p. 610 [1888]; 38. p. 769 [Reflexion und Brechung elektromagnetischer Wellen. 1888].

Hertz. Wied. Ann. 45. p. 553 [Knoten und Bäuche an Resonanzdrähten. 1892].

Hertz. Gesammelte Werke II. Untersuchungen über die Ausbreitung der elektrischen Kraft. Leipzig 1894.

Herzfeld. Diss. Darmstadt 1903 [Magnetisierung in schnell veränderlichen Feldern. 1903].

Hettinger. Physik. Zeitschr. 6. p. 377 [Schaltung zur Maximalausnutzung der Resonanzeffekte in den Empfangsstationen für drahtlose Telegraphie. 1905].

Hewitt. Broschüre über die Quecksilberlampe. 1903 [Erzeugung ungedämpfter Schwingungen mit der Hewittlampe].

Heydweiller. Wied. Ann. 48. p. 235 [Schlagweite und Spannungen bei Funkenentladungen. 1893].

Heydweiller. Ann. d. Phys. 15. p. 179 [Zur Bestimmung der Selbstinduktion von Drahtspulen. 1904].

Hiecke. Wien. Sitzungsberichte d. Akad. d. Wissensch. 96 (2). p. 134 [Oszillatorische Entladung. 1888].

Hiorth. D. R. P. No. 133821 [Mittels elektrischer Kraftleitung getriebenes und gesteuertes Torpedo. 27. 7. 1898].

Hirschmann. D. R. P. No. 109659 [Vorrichtung zur Regelung der Kondensatorwirkung an Funkeninduktoren. 31. 1. 1899].

Hodson. Ann. d. Phys. 14. p. 973 [Resonanzversuche über das Verhalten eines einfachen Kohärers. 1904].

Hofmeister. Wied. Ann. 62. p. 379 [Motorunterbrecher für Induktionsapparate. 1897].

Hogan. Engl. Pat. No. 6473 [Erdung. Kohärer. 17. 3. 1902].

Holtz. Wied. Ann. 10. p. 336 [Holtzsche Ventilröhre zum Nachweis von durch Kondensatorentladungen erzeugten Schwingungen. 1880].

Holzt. Pogg. Ann. 151. p. 69 [Abätzung zur Darstellung des inneren Magnetismus in Eisenkörpern. 1874].

Hoor. ETZ 22. p. 170, p. 187, p. 213, p. 716, p. 749, p. 781 [Neuere Beiträge zur Naturgeschichte dielektrischer Körper. 1901].

Hopkins und Wilson. Phil. Trans. 189. p. 109 [Untersuchung der Dielektrizitätskonstante von Flüssigkeiten bei verschiedenen Periodenzahlen. 1897].

Hopkinson. ETZ 13. p. 642 [Aufnahme von Magnetisierungskurven. 1892].

Hopkinson, Wilson und Lydall. Proc. Roy. Soc. 53. p. 352 [Aufnahme von Magnetisierungskurven. 1893].

Hornemann. Ann. d. Phys. 7. p. 862 [Töne an Kontakten. 1902].

Hornemann. Ann. d. Phys. 14. p. 129 [Der heiße Oxydkohärer. 1904].

Horwath und Cohn. D. R. P. No. 109530 [Auf die Marconische Funkentelegraphie gegründete Vorrichtung zur Verhütung von Schiffszusammenstößen. 27. 8. 1898].

Hülsmeyer. D. R. P. No. 152141 [Vorrichtungen zum Auslösen bestimmter Mechanismen mittels elektrischer Wellen. 5. 11. 1902].

Hughes. Proc. Roy. Soc. 27. p. 361 [1878]; Chem. News 37. p. 197 [Über die Wirkung von Schallwellen auf die Intensität eines galvanischen Stromes. 1878].

Hughes. Fahie, History of Wireless Telegraphy. 1. Aufl. p. 289 [Verhalten von Mikrophonkontakten gegenüber Entladungen von Leidener Flaschen. 1879].

Hull. Phys. Review 5. p. 231 [Bestimmung der Wechselzahlen von Righi-Gebern. 1897].

Hull. Electrician 40. p. 357 [1898]; Physical Review 5. p. 231 [Kohärer. 1898].

Huth. D. R. P. No. 141377 [Oszillationsgalvanometer zur Messung der Intensität von elektrischen Wellen. 9. 2. 1902].

Huth. Phys. Zeitschr. 4. p. 594 [Zur Theorie des Kohärers. 1903].

Huth. Phys. Zeitschr. 4. p. 640 [Über ein Oszillationsgalvanometer zur Messung elektromagnetischer Strahlung. 1903].

Huth. Diss. Rostock 1904 [Über Entmagnetisierung durch schnelle elektrische Schwingungen und ihre Verwendung zur Messung elektromagnetischer Strahlung. 1904].

Ives. Electrician 53. p. 705 [Wellenmesser. 1904].

Jackson. Proc. Roy. Soc. 70. p. 254 [Versuche über die Bedeutung der Erde für Geber und Empfänger. 1902].

Jakobs-Nicholson. Amerikan. Pat. No. 743512 [Sender für abgestimmte Telegraphie. 2. 8. 1902].

Jamin. Compt. rend. 80. p. 419 [1875]; 82. p. 19 [Abätzen von Eisenteilen, um das Eindringen des Magnetismus zu erkennen. 1876].

Janet. Compt. rend. 115. p. 875. p. 1286 [Dielektrische Hysteresis in Kondensatoren. 1892].

Jaumann. Sitzungsberichte der phys. math.-Klasse der Wiener Akademie. 97. p. 765 [Die Stromstärke in ihrer Abhängigkeit von der Potentialdifferenz. 1888].

Jaumann. Sitzungsberichte der phys.-math. Klasse der Wiener Akademie 104. p. 7 [1895]; Wied. Ann. 55. p. 656 [Funkenentladung. 1895].

Jégon. Compt. rend. 131. p. 1882 [Mehrfache drahtlose Telegraphie mit Empfangstransformatoren. 1900].

Jentsch. Telegraphie und Telephonie ohne Draht. Berlin 1904.

v. Job. Zeitschr. f. d. phys. u. chem. Unterricht 11. p. 177 [Die Funkentelegraphie in der Schule. 1898].

St. John. Phil. Mag. (5) 39. p. 297 [Verhalten von weichem Eisen bei schnellen Schwingungen. 1895].

St. John. Phil. Mag. (5) 38. p. 425 [Verhalten von Eisendraht gegenüber schnellen Schwingungen. 1894].

Johnson. Phys. Zeitschr. 5. p. 742 [Einige Beobachtungen über die Wirkung des Lochunterbrechers. 1904].

Kalischer. D.R.P. No. 142793 [Vorrichtung zum Aussenden elektrischer Wellen. 20. 4. 1902].

Kalischer. D.R.P. No. 149503 [Verfahren zur Verringerung der Dämpfung stehender elektrischer Wellen. 21. 12. 1902].

Kalischer-Ruhmer. D. R. P. No. 152594 [Empfangsvorrichtung für elektrische Wellen. 28. 4. 1903].

Karpen. ETZ 25. p. 408 [Neuer Empfänger für drahtlose Telegraphie. 1904].

Kaselowsky. D. R. P. No. 70912 [Vorrichtung zum Geben elektrischer Lichtsignale. 7. 2. 1893].

Kaufmann. Verhandl. d. deutsch. phys. Gesellschaft 1. p. 42 [Aufnahme von Magnetisierungskurven. 1892].

Kaufmann. Wied. Ann. 60. p. 653 [Messung der Dämpfung von Kondensatorkreisen. 1897].

Kaufmann. Phys. Zeitschr. 4. p. 161 [Kritik der Marescaschen Dämpfungsbestimmungen. 1902].

Kerr. Wireless Telegraphy, with a preface by Sir W. Preece. London. 5. Aufl. 1900.

Kiebitz. Ann. d. Phys. 5. p. 741 [Untersuchungen des einfachen Empfängers mit dem Kohärer. 1901].

Kiebitz. Ann. d. Phys. 5. p. 872 [Grundschwingung und Obertöne eines Oszillators. 1901].

Kinraide. D. R. P. No. 108924 [Vorrichtung zur Erzeugung elektrischer Entladungen. 21. 3. 1899].

Kirchhoff. Pogg. Ann. 100. p. 193 [Entladung einer Leidener Flasche. 1857].

Kissling und Walter. Ann. d. Phys. 11. p. 570 [Durchschlagsfestigkeit von Dielectricis. 1903].

Kitsee und Wilson. Amerik. Pat. No. 650255 [Antennen für gerichtete Telegraphie. 22. 5. 1900].

Kitsee und Wilson. Amerik. Pat. No. 651044 [Empfänger für gerichtete Telegraphie. 5. 6. 1900].

Kitsee. Amerik. Pat. No. 657222 [Elektromagnetisches Relais für drahtlose Telegraphie. 4. 9. 1900].

Kleiner. Wied. Ann. 50. p. 138 [Über die durch dielektrische Polarisation
erzeugte Wärme. 1893].

Kleiner. Arch. sc. phys. (3) 32. p. 282 [Ermüdung des Kohärers. 1894].

Kleiner. Vierteljahresschrift der naturforsch. Gesellsch. Zürich. 1896.
1900 [Paraffinkondensatoren].

Kleinschmidt. Diss. Straßburg. 1904 [Wechselzahlen linearer Sender].

Klemenčič. Wiener Ber. 91. 2a. p. 712 [Abhängigkeit des Brechungs-
exponenten von der Dielektrizitätskonstanten und Permeabilität
der Substanz. 1885].

Klemenčič. Wied. Ann. 42. p. 417 [Thermoelement als Wellendetektor.
1891].

Klemenčič. Wied. Ann. 45. p. 78 [Messungen mit Thermoelementen. 1892].

Klemenčič und Czernack. Wied. Ann. 50. p. 174 [Messung der
Wellenlänge mit dem Resonator. 1893].

Klemenčič. Wien. Ber. 103. p. 205 [Permeabilität des weichen Eisens
bei schnellen Schwingungen. 1894].

Klingelfuß. Ann. d. Phys. 5. p. 871 [1901]; Ann. d. Phys. 9. p. 1198
[Induktor mit nahezu geschlossenem Eisenkern. 1902].

Koch. Ann. d. Phys. 15. p. 865 [Einige Untersuchungen über den elektrischen Funken, besonders über die physikalischen Bedingungen
für sein Erlöschen. 1904].

Kohlrausch. Physikalisches Praktikum. 9. Aufl. 1901.

Koláček. Ann. d. Phys. 13. p. 1 [Über Magnetostriktion. 1904].

Koláček. Ann. d. Phys. 14. p. 177 [Einfache Herleitung der Formeln für
die Deformation eines ferromagnetischen Drahtes im Magnetfelde.
1904].

Kölnische Zeitung. ETZ 22. p. 277 [Funkentelegraphie zwischen
Borkum-Leuchtturm und Borkum-Riff. 1901].

Köpsel. Dinglers Polyt. Journal 318. Heft 13 [Bolometer als Wellendetektor. 1903].

Köpsel. Dinglers Polyt. Journal 319. Heft 14 [Bestimmung von Selbstinduktionskoeffizienten durch Resonanz. 1904].

Kröplin. Marconische Telegraphie ohne Draht. Bützow 1900.

Kuhnt und Deissler. D. R. P. No. 69222 [Elektrische Lichtsignalvor-
richtung. 9. 4. 1892].

Lagergren. Wied. Ann. 64. p. 290 [Dämpfungsversuche am Hertzschen
Oszillator. 1898].

Lagergren. Über elektrische Energieausstrahlung. Stockholm. 1902].

Lagrange. Compt. rend. 132. p. 203 [Eindringen von Wellen in die Erde
und Ausbreiten auf der Oberfläche. 1901].

Laine. Phys. Zeitschr. 6. p. 282 [Über abgestimmte Lichttelegraphie. 1905].

Lamotte. Eclair. él. 22. p. 481 [Kohärer oder Radiokonduktoren. 1900].

Lampa. Wien. Ber. 104. 2a. p. 681, p. 1179 [1895]; Wien. Ber. 111. 2a. p. 982 [Untersuchungen des Dielektrikums. 1902].

Lampa. Wien. Ber. 105. 2a. p. 1049 [Sender für sehr schnelle Schwingungen. 1896].

Lampa. Wied. Ann. 61. p. 79 [Über den Brechungsexponenten einiger Substanzen für sehr kurze elektrische Wellen. 1896].

v. Lang. Wied. Ann. 57. p. 34 [Widerstandsänderung von Kontakten. 1895].

v. Lang. Wied. Ann. 57. p. 430 [Interferenzversuche mit elektrischen Wellen. 1896].

Lanceta. Il Telegrapho senza fili, systema Marconi e relative esperience. Girgenti 1900.

Latrille. Wied. Ann. 65. p. 408 [Über die elektrodynamischen Spaltwirkungen. 1898].

Lebedew. Wien. Ann. 56. p. 1 [Oszillator von 1,3 mm Länge. 1895].

Le Bon. Compt. rend. 128. p. 879 [1899]; Eclair. él. 19. p. 237 [Über die Absorption elektrischer Wellen durch nichtmetallische Körper. 1899].

Lacarme. Compt. rend. 129. p. 584 [Drahtlose Telegraphie zwischen Mont Blanc-Gipfel und Chamounix. 1899].

Lecher. Wied. Ann. 41. p. 850 [Stationäre Wellen in Drähten. Paralleldrahtsystem. 1890].

Lecher. Magnetische Kräfte einer von Strom durchflossenen Spirale. Wien 1895.

Lecher. Entdeckung der elektrischen Wellen durch W. Hertz. Leipzig 1901.

Lecher. Phys. Zeitschr. 4. p. 320 [Elektrisierung der Erdkugel und drahtlose Telegraphie. 1903].

Lecher. Phys. Zeitschr. 4. p. 664, p. 722 [Erdung in der drahtlosen Telegraphie. 1903].

Lecher. Phys. Zeitschr. 4. p. 32, p. 811 [Magnetischer Induktionsfluß in Leitern bei hoher Wechselzahl. 1903].

Leick. Wied. Ann. 58. p. 691 [Induktionsverhalten galvanischer Niederschläge. 1896].

Lenard. Ann. d. Phys. 4. p. 642 [Verhalten von Metalldämpfen in luftverdünnten Röhren. 1902].

Loppin. Wied. Ann. 65. p. 885 [Wirkungen verschiedener Wellen auf den Kohärer. 1898].

Leppin. Zeitschr. f. d. phys. u. chem. Unterricht 11. p. 174 [Ein neuer Versuch über die Hertzschen Spiegelversuche. 1898].

Lesemann. D.R.P. No. 158442 [Schaltung für drahtlose Telegraphie. 16. 8. 1903].

L'huillier. Compt. rend. 121. p. 345 [Verhalten des Alkohol-Eisenfeilicht-kohärers. 1895].

Lindemann. Ann. d. Phys. 4. 2. p. 376 [Untersuchungen über die Beeinflussung der Länge der von einem Rhigischen Erreger ausgesandten elektrischen Wellen durch Drähte, die der Primärleitung angehängt sind. 1900].

Lindemann, R. Ann. d. Phys. 12. p. 1012 [Dämpfungsmessungen. 1903].

Lindow. ETZ 24. p. 586 [Die Funkentelegraphie nach Fessenden. 1903].

v. Liphart. Pogg. Ann. 116. p. 513 [Versuche über Magnetisierung mit schnellen Schwingungen. 1862].

Lodge. Lightning conductors and lightning guards. p. 382 [1888]; Institution of electrical engineers Journal 19. p. 352 [1890].

Lodge. Electrician 21. p. 608 [Nachweis stehender Wellen an parallelen Drähten. 1888].

Lodge. Journal of the society of arts [Mai 1888]; Phil. Mag. (5) 26. p. 217 [Elektromagnetische Wellen längs Drähten. 1888].

Lodge. Nature 41. p. 462 [Kugel- und Zylinderoszillator. 1890].

Lodge. Nature 41. p. 368 [Resonanzversuch. 1890].

Lodge. Proc. Roy. Soc. Juni 1891 [Entladung von Kondensatoren. 1891].

Lodge. Modern Views of Electricity. London [1892]; The work of Hertz and some of his successors [1897]; Electrician vom 12. 11. 1897 [Kohärerarbeiten].

Lodge. Phil. Mag. 37. p. 90 [Über das plötzliche Auftreten der Leitfähigkeit diskreter Metallteilchen. 1894].

Lodge. Signalling through Space without Wires. 3. Aufl. p. 45 [Muirhead-sche Versuche. 1894].

Lodge. Electrician 11. p. 612 [Beeinflussung der Schwingungsdauer durch die Magnetisierungskonstante. 1895].

Lodge. Eclair. él. 2. p. 135 [Versuche zum Beweis der Maxwellschen Lichttheorie. Vortrag zu Oxford. 1895].

Lodge. ETZ 19. p. 877 [Beeinflussung des Fritters durch die Erdströme. 1898].

Lodge. Electrician 42. p. 270 [Bemessung von Horizontalspulen zur Induktionstelegraphie. 1898].

Lodge-Glazebrook. Cambridge Phil. Trans. 18. p. 136 [Messung von $\dfrac{v}{\sqrt{\varepsilon \cdot \mu}}$. 1899].

Lodge. Electrician 42. p. 269, p. 305, p. 366, p. 402 [Wellentelegraphie mit niederen Schwingungszahlen. 1898. 1899].

Lodge. Phil. Mag. (5) 28. p. 48 [Wellenübertragung auf kleine Entfernungen. 1899].

Lodge. Eclair. él. 19. p. 28, p. 61 [Die Telegraphie durch elektro-magnetische Induktion. Vortrag zu London. 1899].

Lodge. Signalling across space without wires, being a description of the work of Hertz and his successors. London 1900.

Lodge-Muirhead. ETZ 24. p. 570 [Verbessertes funkentelegraphisches System. 1903].

Lodge-Muirhead. ETZ 24. p. 925 [Zerlegbare Masten. 1903].

Lodge-Muirhead. Electrician 50. p. 930 [Siphonrekorder. Marconi-sender mit verminderter Dämpfung. 1903].

Lodge-Muirhead. Electrician 51. p. 1036 [Käfigantenne. 1903].

Lodge-Muirhead-Robinson. ETZ 25. p. 960 [Quecksilberkohärer. 1904].

Lodge. Engl. Pat. No. 11575 [Luftkapazitäten. 10. 5. 1897].

Lodge-Muirhead. Engl. Pat. No. 18644 [Magnetische Entfrittung von Kohärern. Abgestimmte Telegraphie. 12. 8. 1897].

Lodge-Muirhead. D. R. P. No. 111618 [System syntonischer elektro-magnetischer Telegraphie. 23. 1. 1898].

Lodge-Muirhead. Engl. Pat. No. 11575 [Abgestimmte Telegraphie. 5. 2. 1898].

Lodge. Engl. Pat. No. 9712 [Telephon. 27. 4. 1898].

Lodge-Muirhead. Engl. Pat. No. 11348 [Abgestimmte Telegraphie. 3. 6. 1901].

Lodge-Muirhead. Engl. Pat. No. 10181 [Abstimmung und Unterbrecher. 2. 5. 1902].

Lodge-Muirhead. Engl. Pat. No. 13521 [Flüssigkeitskohärer. 14. 6. 1902].

Lodge. Amerik. Pat. No. 754846 [Verbesserungen des Lodge-Systems. 20. 12. 1897].

Lodge. Amerik. Pat. No. 609154 [Syntonisches System für Funken-telegraphie. 1. 2. 1898].

Lombardi. ETZ 20. p. 714 [Dielektrische Verluste. 1899].

Lomsché. Diss. Zürich 1903 [Über elektrische Oszillationen in Eisenspulen].

Lohberg. D. R. P. No. 140340 [Empfangsapparat für elektrische Wellen. 28. 11. 1901].

Loomis. Fahie, History of Wireless Telegraphy. 1 Aufl. p. 73 [Antennen zur Signalübertragung. 1872].

Love. Proc. Roy. Soc. 74. p. 73 [Untersuchung der Felder des Hertzschen Oszillators. 1904].

Lucas und Garret. Phil. Mag. (5) 33. p. 299 [Explosions-Resonanz-Indikator. 1892].

Lüdtge. Polyt. Notizblatt 34. p. 97 [Universaltelephon. 1878].

Luftschifferabteilung. Entwicklung der Funkentelegraphie für die Zwecke des Landheeres bei der Luftschifferabteilung. Berlin 1902.

Lyon. Amerik. Pat. No. 789618 [Eine durch Übertrager und Kohärer be-wirkte Einschaltung von Leuchtfeuern gegen Moskitos. 1905].

Macdonald. Electric Waves, Adams Price Essay. Cambridge [Schwingungen nahezu geschlossener linearer Oszillatoren. 1902].

Mack. Wied. Ann. 54. p. 342 [1895]; 56. p. 731 [Elektrische Doppelbrechung. 1895].

Máck ů. Phys. Zeitschr. 6. p. 232 [Über den elektrischen Wellendetektor. 1905].

Mac Lean. Phil. Mag. 48. p. 115 [Geschwindigkeit elektrischer Wellen in der Luft. 1899].

Mach und Doubrava. Wiener Sitzungsberichte (2) p. 729 [1878]; Wied. Ann. 8. p. 462 [Durchschlagsfestigkeit von Dielektriken. 1879].

Madelung. Ann. d. Phys. 17. p. 861 [Über die Magnetisierung durch schnellverlaufende Ströme und die Wirkungsweise des Rutherford-Marconischen Wellendetektors. 1905].

Maiche. D. R. P. No. 134 996 [Anlage zur Übertragung von telegraphischen oder telephonischen Zeichen, Signalen, Gesprächen. 22. 8. 1901].

Maisel. Phys. Zeitschr. 5. p. 550 [Herstellung ungedämpfter Schwingungen. 1904].

Malagoli. L'Elettricista 7. p. 193 [1898]; Nuovo Cim. 8. p. 109 [Photographischer Nachweis von Funken im Kohärer. 1898].

Malagoli. Nuovo Cim. 10. p. 279 [Über die Wirkungsweise des Kohärers. 1899].

Mandelstam. Diss. Straßburg 1902; Ann. d. Phys. 8. p. 123 [Bestimmung der Schwingungsdauer der oszillatorischen Kondensatorentladung. 1902].

Mandelstam. D. R. P. No. 157 405 [Schaltung für die drahtlose Telegraphie unter Benutzung eines abstimmfähigen mechanischen Systems als Anzeigevorrichtung. 23. 12. 1903].

Mandelstam. Phys. Zeitschr. 5. p. 245 [Zur Theorie des Braunschen Senders. 1904].

Marconi. Vortrag vor der Inst. of electrical Engineers. p. 10 [1899]; Journal of the society of arts. 49. 512. p. 190 [Steigerung der Wirkung des Marconi-Senders].

Marconi. Electrician 43. p. 767 [Wirkungsweise der Antennen. 1899].

Marconi. Electrician 24 vom 31. 5. 1901 [Abgestimmte Telegraphie].

Marconi. Electrician 50. p. 140 [Abschaltvorrichtung des Induktors während des Entladefunkens. 1902].

Marconi. Electrician 20 und 27. 6. 1902 [Versuche mit dem Quecksilberkohärer und dem magnetischen Wellendetektor].

Marconi. Electrician vom 18. 7. 1902 [Wirkung des Tageslichtes auf die drahtlose Telegraphie. 1902].

Marconi. Proc. Roy. Soc. 70. p. 341 [Magnetisierung und Entmagnetisierung von Stahlnadeln. 1902].

Marconi. Lecture on the progress of electr. space telegraphy [1902]; Proc. Roy. Soc. 70. p. 341 [1902]; Electrician 51. p. 330 [Magnetischer Detektor. 1903].

Marconi. ETZ 23. p. 995 [Funkentelegraphie. 1902].

Marconi. ETZ 24. p. 102, p. 296, p. 982 [Versuche auf dem Carlo Alberto, magnetischer Detektor, Poldhustation, Duncan, San Rossone. 1903].

Marconi. Electrician 53. p. 512 [Sender mit verminderter Strahlungsdämpfung. 1904].

Marconi. ETZ 26. p. 121, p. 237, p. 282, p. 476 [System der drahtlosen Telegraphie. 1905].

Marconi. W. T. D. R. P. No. 117 762 [Schaltung für Telegraphie mittels elektrischer Wellen. 4. 12. 1896].

Marconi. W. T. D. R. P. No. 119 259 [Schaltung für Telegraphie ohne Draht. 4. 12. 1896].

Marconi. W. T. D. R. P. No. 121 424 [Empfänger für Funkentelegraphie mit Transformator. 21. 3. 1899].

Marconi. W. T. D. R. P. No. 118 716 [Transformator für Empfangsapparate für drahtlose Telegraphie. 13. 6. 1899].

Marconi. W. T. D. R. P. No. 119 080 [Schaltungsweise zur Verbindung des über die Sekundärwicklung des Funkenerzeugers geerdeten Luftleiters mit der Gebe- resp. Empfangsvorrichtung. 22. 9. 1899].

Marconi. W. T. D. R. P. No. 122 006 [Empfänger für Funkentelegraphie. Zus. 26. 6. 1900].

Marconi. W. T. D. R. P. No. 129 018 [Schaltung für drahtlose Telegraphie. 6. 11. 1900].

Marconi. W. T. D. R. P. No. 134 225 [Schaltung für Funkentelegraphie mit je zwei Luftleitern ausgestatteten Gebern und Empfängern. 14. 4. 1901].

Marconi. W. T. D. R. P. No. 142 224 [Empfänger für drahtlose Telegraphie. 12. 6. 1902].

Marconi. Engl. Pat. No. 12 039 [Anordnung für drahtlose Telegraphie. 2. 6. 1896].

Marconi. Engl. Pat. No. 29 306 [Anordnung für drahtlose Telegraphie. 10. 12. 1897].

Marconi. W. T. Engl. Pat. No. 12 326 [Empfangstransformatorschaltung. 1. 6. 1898].

Marconi. W. T. Engl. Pat. No. 5657 [Gebe- und Empfangsumschalter. 15. 5. 1899].

Marconi. W. T. Engl. Pat. No. 25 186 [Empfangstransformator mit durch einen Kondensator unterteilter Sekundärspule. 19. 12. 1899].

Marconi. W. T. Engl. Pat. No. 6982 [Transformatorwicklung. 1. 4. 1899].

Marconi. W. T. Engl. Pat. No. 5387 [Luftleiter mit großer Kapazität. 21. 3. 1900].

Marconi. Engl. Pat. No. 7777 [Schaltung für Funkentelegraphie. 26. 4. 1900].

Marconi. Engl. Pat. No. 409 [Konduktive Schaltung. 7. 1. 1901].

Marconi. Engl. Pat. No. 410 [Kondensator und Selbstinduktion parallel zur Funkenstrecke. 7. 1. 1901].

Marconi. Engl. Pat. No. 411 [Kondensator zur Abstimmung des Luftleiters. 7. 1. 1901].

Marconi. Engl. Pat. No. 18 105 [Flüssigkeitskohärer. 10. 9. 1901].

Marconi. Engl. Pat. No. 10 245 [Magnetischer Detektor. 3. 5. 1902].

Marconi. Engl. Pat. No. 25 658 [Metalltürme und Träger. 21. 11. 1902].

Marcucci. Nuovo Cim. 11. p. 137 [Wirkung von schwachen Strömen auf den Kohärer. 1900].

Maréchal, Michel und Dervin. Engl. Pat. No. 13 643 [Kohärer nach dem Telephonprinzip. 30. 7. 1900].

Maresca. Phys. Zeitschr. 4. p. 9 [Dämpfung in Kondensatorkreisen mit sekundärer Funkenstrecke. 1902].

Margot. Arch. des Sciences (4) 3. p. 554 [Quecksilberunterbrecher für Induktoren. 1897].

Marianini. Raccolta 1. p. 1 [1846]; Ann. de chim. et de phys. 16. p. 436, p. 448 [Magnetisierung eines Eisendrahtes durch positive und negative Elektrizitätsmengen. 1846].

Marx. Diss. Göttingen 1898 [Evakuierte Röhren und Kondensatorentladungen].

Marx. Phys. Zeitschr. 2. p. 249, p. 574 [Untersuchung der Schäferschen Platte. 1901].

Marx. Leipziger Berichte 1901. p. 437; Ann. d. Phys. 12. p. 491 [Strom- und Spannungsverteilung in Kondensatorkreisen. 1903].

Maskelyne. Electrician 51. p. 357 [Versuche mit Störungsschaltungen. 1903].

Maskelyne. ETZ 26. p. 29 [System der drahtlosen Telegraphie. 1905].

Maskelyne. Eclairage él. v. 15. 4. 1905 [System der drahtlosen Telegraphie].

Matthiessen. Pogg. Annalen 103. p. 428 [Über die elektrische Leitungsfähigkeit der Metalle. 1858].

Maxwell. Trans. Roy. Soc. 155. p. 499 [Theorie der elektromagnetischen Schwingungen. 1864].

Meidinger. Dinglers polyt. Journal. p. 148 [Über das elektrische Verhalten der Schwefelmetalle und Metalloxyde. 1858].

Mercanton. Diss. Lausanne 1902 [Contribution à l'étude des pertes d'énergie dans les diélectriques].

Meslin und Chandier. Compt. rend. 137. p. 248 [Dichroitische Erscheinungen in elektrischen und magnetischen Feldern. 1903].

A. Meyer. Wied. Ann. 66. p. 760 [Verhältnis zwischen Widerstand und Größe der Berührungsfläche bei Stahlkugeln. 1898].

W. Meyer. D.R.P. No. 158539 [Empfangsvorrichtung für die von Stationen drahtloser Telegraphie ausgesandten Wellen. 2. 12. 1903].

Michel. Electrical Review 24 [Drahtlose Telegraphie durch Induktion. 1894].

Mie. Ann. d. Phys. 2. p. 201 [Dämpfung von Wellen längs Drähten. 1900].

Mie. Ann. d. Phys. 2. p. 232 [Dämpfung bei parallelen gradlinigen Drähten. 1900].

Mie. Ann. d. Phys. 13. p. 857 [Durch elektrischen Strom ionisierte Luft in einem ebenen Kondensator. 1904].

Miesler. Wiener Sitzungsberichte 99 (2). p. 579 [Oszillatorische Entladung. 1890].

Milham. Diss. Straßburg 1901 [Über die Verwendbarkeit der Braunschen Röhre zur Messung elektrischer Felder].

Millis. Physical Rev. 5. p. 11 [Untersuchung von Stromkurven. 1897].

Minchin. Phil. Mag. (5) 31. p. 207 [1891]; Lumière él. 39. p. 332 [Wellenindikator nach dem Prinzip der unvollkommenen Kontakte. 1891].

Minchin. Electrician 32. p. 122 [Die Wirkung der elektrischen Bestrahlung auf dünne Metallhäute. 1893].

Minchin. Phil. Mag. 37. p. 90 [Die Wirkung der elektrischen Bestrahlung auf dünne Metallhäute. 1894].

Miniatur-Bibliothek. Telegraphie ohne Draht. Leipzig 1896/1902.

Mix und Genest. D.R.P. No. 141 167 [Verfahren zum Aufspüren, Auffangen oder Stören einer funkentelegraphischen Station. 18. 4. 1902].

Mix und Genest. D.R.P. No. 137 253 [Verfahren zur Erhöhung der Wirksamkeit von Frittröhren. 25. 5. 1902].

Mizuno. Phil. Mag. 40. p. 497 [Stanniolgitter als Wellenindikator. 1895].

Mizuno. Phil. Mag. 41. p. 445 [Stanniolgitterwellendetektor. 1896].

Mizuno. Phil. Mag. (5) 50. p. 445 [Untersuchungen von Kohärern. Kohärer mit Bleikontakten. 1900].

Möller. D.R.P. No. 155 032 [Empfangsapparat für drahtlose Telegraphie. 21. 5. 1903].

du Moncel. Compt. rend. 81. p. 766 [Über die elektrische Leitfähigkeit schlechter Leiter. 1875].

du Moncel. Compt. rend. 87. p. 131, p. 189 [Intensitätsänderungen des elektrischen Stromes durch Druck. 1878].

Morin. Engl. Pat No. 20 061 [Magnetischer Kohärer. 17. 9. 1903].

Morin. D. R. P. No. 152 657 [Fritter. 26. 9. 1903].

Morse. The American Electromagnetic Telegraph. 1845 [Versuche mit drahtloser Telegraphie zwischen Governors Island und Castle Garden. 1842].

Mościki. ETZ 25. p. 527, p. 549 [Über Hochspannungskondensatoren. 1904].

Mościki. Bull. de l'Ac. d. Sc. d. Crasowie [Durchschlagsfestigkeit von Dielektriken. Dielektrische Verluste in Kondensatoren. Januar 1904].

Müller. Pogg. Ann. 154. p. 361 [Über den Übergangswiderstand metallischer Leiter an den Berührungsstellen. 1874].

Müller, J. J. C. Phys. Zeitschr. p. 231 [Über einen einfachen Kondensator mit veränderlicher Kapazität für Abstimmversuche. 1905].

Munck af Rosenschöld. Pogg. Ann. 34. p. 437 [Versuche über die Fähigkeit starrer Körper zur Leitung der Elektrizität. 1835].

Munck af Rosenschöld. Pogg. Ann. 45. p. 193 [Abhängigkeit der Leitfähigkeit von Metallpulvern vom elektrischen Strome. 1838].

Muirhead-Robinson. D. R. P. No. 142 794 [Empfangsvorrichtnng für elektrische Wellen. 18. 7. 1902].

Murani. Nuovo Cim. 8. p. 36 [Studium der elektrischen Wellen mit dem Kohärer. 1898].

Murray. Wireless Telegraphy. London 1905.

Musso. D. R. P. No. 152 478 [Vorrichtung zum Fernbetrieb von Schreibmaschinen durch elektrische Wellen. 7. 9. 1902].

Musso. ETZ 24. p. 751 [System einer drahtlosen Telegraphie. 1903].

Nareari und Bellati. Atti di Torino. 3. Auflage. 17. p. 26 [Erwärmung isolierter fester und flüssiger Körper durch abwechselnde elektrostatische Polarisation. 1882].

Nernst. Wied. Ann. 60. p. 615 [Verhalten von schnellen Schwingungen in leitenden Elektrolyten. 1897].

Nernst und Lerch. Ann. d. Phys. (4) 15. p. 193 [Über die Verwendung des elektrolytischen Detektors in der Brückenkombination. 1904].

Nesper. Diss. Rostock 1904; Annal. d. Phys. 14. p. 768 [Strahlung von Spulen. 1904].

Neugschwender. D. R. P. No. 107 843 [Verfahren zum Nachweis elektrischer Wellen. 13. 12. 1898].

Neugschwender. Wied. Ann. 67. p. 430, 842 [Platte mit Flüssigkeitsschicht als Detektor. 1899].

Neugschwender. Wied. Ann. 68. p. 92 [1899]; Phys. Zeitschr. 2. p. 550 [Antikohärer. 1901].

Nichols. Wied. Ann. 60. p. 456 [Gitterversuch für elektromagnetische Wellen. 1897].

Niethammer. Wied. Ann. 66. p. 29 [Aufnahme von Magnetisierungskurven. 1898].

Nippold. ETZ 21. p. 492 [Versuche mit dem Wellentelegraphen, Empfänger von Schäfer. 1900].

Nixon. D. R. P. No. 129 361 [Vorrichtung zum Telegraphieren mittels Relais. 31. 10. 1899].

Nußbaumer. Phys. Zeitschr. 5. p. 796 [Versuche zur Übertragung von Tönen mittels elektrischer Wellen. 1904].

Oberbeck. Wied. Ann. 55. p. 623 [Gekoppelte Schwingungssysteme. 1895].

Oberbeck. Wied. Ann. 60. p. 193 [Entladung in Gasen. 1897].

Orgler. Diss. Berlin 1899 [Funkenpotential in Luft und Gasen].

Orgler. Wied. Ann. 50. p. 159 [Über die elektrische Funkenentladung. 1900].

Orling, Brannerjhelm, Sjören, Huselins und Lemquist. D. R. P. No. 113 018 [Verfahren und Vorrichtung zum Entfritten von Kugeln enthaltenden Frittröhren. 29. 11. 1898].

Orling, Brannerjhelm, Sjören, Huselins und Lemquist. D. R. P. No. 113 820 [Vorrichtung zum Regeln der gegenseitigen Entfernung von luftdicht in einem Gehäuse abgeschlossenen Körpern. 29.11.1898].

Orling und Brannerjhelm. D. R. P. No. 109 059 [Funkengeber. 16. 12. 1898].

Orling und Brannerjhelm. D. R. P. No. 105 983 [Kohärer mit regelbarer Empfindlichkeit. 27. 12. 1898].

Orling und Brannerjhelm. Engl. Pat. No. 1866 [Empfindlichkeitsveränderung eines Kugelkohärers. 26. 1. 1899].

Orling und Brannerjhelm. Engl. Pat. No. 1867 [Kugelkohärer mit regulierbarem Magnetfeld. 26. 1. 1899].

Orling und Armstrong. Nature vom 12. 1. 1902. p. 129; Scientific. Am. p. 10 [Quecksilberrelais. 1902].

Oudin. L'Electricien p. 86 [1893]; Compt. rend. 126. p. 1632 [Resonator für therapeutische Zwecke. 1893].

Overbeck. Wied. Ann. 13. p. 230 [Untersuchungen über die Schallstärke. 1881].

Ovington. Amerikan. Pat. No. 790 975 [Eine Funkenstrecke bezw. ein Unterbrecher, hinter dessen gewöhnliche Luftstrecke eine Hilfsfunkenstrecke zwischen Quecksilberelektroden im Vakuum eingeschaltet ist. 1905].

Paalzow. Pogg. Ann. 118. p. 178 [Geißlerrohr zum Nachweis von Schwingungen. 1863].

Paalzow-Rubens. Wied. Ann. 37. p. 529 [Bolometeranordnung. 1899].

Palmesár. D. R. P. No. 121 564 [Verfahren und Vorrichtung zum Auffangen atmosphärischer Elektrizität. 5. 5. 1900].

Papalexi. Diss. Straßburg 1904; Ann. d. Phys. 14. p. 756 [Ein Dynamometer für schnelle elektrische Schwingungen, Theorie und Versuche. 1904].

Partheil. Die drahtlose Telegraphie. Berlin 1902.

Paschen. Wied. Ann. 37. p. 69 [Funkenpotential in Luft und Gasen. 1889].

Pasquini. Nuovo Cim. 7. p. 153 [Widerstandsänderungen. 1877].

Peace. Proc. Roy. Soc. 52. p. 99 [Elektrische Funkenentladung. 1892].

Pearson-See. Phil. Trans. 193. p. 159 [Verlauf der Induktionslinien des gedämpften Hertzschen Oszillators. 1900].

Peter. ETZ 25. p. 647 [Neuer Empfänger für drahtlose Telegraphie. 1904].

Peukert. ETZ 25. p. 992 [Magnetischer Wellenempfänger. 1904].

Pfitzner. ETZ 25. p. 523 [Das System Telefunken der Gesellschaft für drahtlose Telegraphie. 1904].

Pflaum. Zeitschr. f. d. phys. u. chem. Unterricht 11. p. 224 [Die Funkentelegraphie in der Schule. 1898].

Pickard. Amerikan. Pat. No. 708 072 [Automatischer Schalter. 4. 11. 1901].

Pierce. Phil. Mag. (6) 1. p. 179 [Oszillator von 8 mm Länge; Thermoelement als Wellenindikator. 1901].

Pierce. Proc. American. Acad. of Arts and Sc. 39. p. 389 [On the Cooper Hewitt Mercury interruptor. 1904].

Pierce. Phys. Zeitschr. 5. p. 426 [Quecksilberunterbrecher. 1904].

Pinn. Praktisches Hilfsbuch für Beamte der Telegraphie und Telephonie. Berlin 1901.

Piola. Journal télégraphique v. 25. 3. 1905 [Optimum des Marconidetektors].

Planck. Wied. Ann. 57 [1896]; Sitzungsberichte der Akademie Berlin v. 20. 2. 1896 [Absorption und Emission elektromagnetischer Wellen durch Resonanz].

Planck. Wied. Ann. 60. p. 575 [Über elektromagnetische Wellen, die durch Resonanz erregt und durch Strahlung gedämpft werden. 1897].

Plecher. Amerikan. Pat. No. 744 936 [Empfänger für drahtlose Telegraphie. 17. 1. 1903].

Plecher. ETZ 25. p. 127 [Neuer Empfänger für drahtlose Telegraphie. 1904].

Poincaré. Proc. Roy. Soc. 72. p. 42 [Einfluß der Erdung auf die Fortpflanzung der Wellen. 1903].

Poincaré. La Théorie de Maxwell et la Télégraphie sans fil. Scientia. Paris 1904.

Pollock. Journ. Roy. Soc. 37. p. 198 [Wellenlänge des geraden und kreisförmigen Senders. 1903].

Popoff. Electrician 40. p. 235 [1896]; ETZ 18. p. 797 [Apparat zur Feststellung und Registrierung elektrischer Wellen. 1896].

Popoff. Engl. Pat. No. 2797 [Selbstentfrittender Platinkohlekohärer. 12. 2. 1900].

Prasch. Drahtlose Telegraphie. Stuttgart 1900.

Prasch I. Die Telegraphie ohne Draht. Wien-Budapest 1902.

Prasch II. Die Telegraphie ohne Draht. Wien-Budapest 1903.

Prasch III. Die Telegraphie ohne Draht. Wien-Budapest 1903.

Precht. Wied. Ann. 49. p. 158 [Flächendichte und Funkenentladung. 1893].

Precht. Wied. Ann. 66. p. 1019 [Luftverdünnte Resonanzröhre. 1897].

Preece. British Assoc. Rep. [Telegraphie durch Induktion. 1884, 1886, 1894].

Preece. Electrician 33. p. 640 [1894]; 42. p. 405 [Telegraphie ohne Drahtleitung. 1898].

Preece. Signalling through space. London 1894. 1897.

Preece. Wireless Telephony. Abdruck aus Electrical Review. 1900.

Prerauer. Wied. Ann. 53. p. 772 [Bestimmung der Selbstinduktion kurzer Spulen. 1894].

Priesley. Geschichte der Elektrizität. p. 419 [Widerstandsänderungen durch elektrische Einflüsse. 1772].

Przibram. Phys. Zeitschr. 5. p. 575 [Über die Funkenentladung in Flüssigkeiten. 1904].

Przibram. Phys. Zeitschr. 6. p. 276 [Das Verhältnis der Ionenbeweglichkeiten in schlecht leitenden Flüssigkeiten und seine Beziehung zu den polaren Unterschieden bei der elektrischen Entladung. 1905].

Pupin. American Journ. of Sc. (3) 45. p. 325 [1893]; 48. p. 379 [Methode zur Analyse von Schwingungen. 1894].

Pupin. Science. N. S. 13. p. 101 [Fernleitung von elektromagnetischen Wellen für Telephone mittels in die Leitung eingeschalteter Spulen. 1901].

Pupin. ETZ 25. p. 890 [Abgestimmte drahtlose Telegraphie. 1904].

Rathenau und Rubens. ETZ 15. p. 616 [Drahtlose Telegraphie durch Leitung im Wasser. 1894].

Rayleigh. Phil. Mag. 39. p. 429 [Versuche mit Magnetisierungsspiralen. 1870].

Rayleigh. Phil. Mag. (5) 21. p. 381 [Widerstand bei hohen Schwingungszahlen. 1886].

Rayleigh. Phil. Mag. (6) 2. p. 581 [Untersuchungen über die Kondensatorwirkungen in Induktoren. 1901].

Rayleigh. Proc. Roy. Soc. 72. p. 40 [Einfluß der Erdung auf die Fortpflanzung der Wellen. 1903].

Rebenstorff. Zeitschr. f. d. phys. und chemisch. Unterricht. 12. p. 201 [Zur Vorführung der Funkentelegraphie. 1899].

Reich. Phys. Zeitschr. 4. p. 364 [Erzeugung ungedämpfter Schwingungen mittels Lichtbogen. 1903].

Reich. Phys. Zeitschr. 5. p. 338 [Versuche mit dem elektrolytischen Wellendetektor. 1904].

Rellstab. Phys. Zeitschr. 4. p. 217 [Untersuchung von Pupinspulen. 1903].

Rempp. Ann. d. Physik 17. p. 627 [1903]; Diss. Straßburg 1904 [Messung des Dämpfungsdekrementes von Schwingungen. 1904].

Rendahl. ETZ 25. p. 394 [Resonanzinduktorien in der drahtlosen Telegraphie. 1904].

Richarz und Ziegler. Ann. d. Phys. 1. p. 468 [Bestimmung der Amplitudenkurve von Kondensatorentladungen. 1901].

Rieß. Pogg. Annalen 47. p. 55 [1839]; 51. p. 355 [Magnetisierung von Stahlnadeln durch elektrische Schwingungen. 1840].

Rieß. Pogg. Annalen 64. p. 50 [Über das Leitungsvermögen einiger Stoffe. 1845].

Righi. Mem. della R. Acc. di Bologna (5) 2. p. 261 [Erzeugung von Interferenzhyperbeln. 1892].

Righi. L'ottica della Oszillationi elletriche. Bologna. p. 19 [Righi-Oszillator. 1897].

Righi. Rendic. R. Acc. dei Lincei [Apparat zur Demonstration des Nichteindringens der elektromagnetischen Wellen in einen Metallbehälter. 1. 8. 1897].

Righi. Rendic. R. Acc. dei Lincei [Vakuum-Funkenresonator. 7. 11. 1897].

Righi. Rendic. R. Acc. di Bologna [Öloszillator. Demonstration von Knoten und Bäuchen an Drähten. 29. 3. 1898].

Righi. Rendic. R. Acc. di Bologna [Resonanz-Vakuumröhre. 29. 5. 1898].

Righi. Die Optik der elektrischen Schwingungen. Leipzig 1898].

Righi-Dessau. Die Telegraphie ohne Draht. Braunschweig 1903.

Ritter. Wied. Ann. 45. p. 53 [Froschnerven als Wellendetektor. 1890].

Ritter. Ann. d. Phys. 14. p. 118 [Über das Funkenpotential in Chlor, Brom und Kalium. 1904].

Robb. Physical Rev. 2. p. 726 [Oszillationen in geschlossenen Leitern. 1892].

Robinson. Ann. d. Phys. 11. p. 754 [Widerstand loser Kontakte. 1903].

Rochefort. D. R. P. No. 134 746 [Fritter für Telegraphie mittels Hertzscher Wellen. 23. 2. 1901].

Rochefort. Le Résonateur Oudin bipolaire et la Télégraphie sans fil. Paris 1901.

Rochefort. ETZ 25. p. 959 [Neues aus dem Gebiete der drahtlosen Telegraphie. 1904].

Rodet. ETZ 26. p. 290 [Neuer Wellenempfänger. 1905].

Rodet. Journal télégraphique vom 5. 6. 1905 [Selbstinduktion und selbstdekohärierende Kohärer].

Röntgen. Göttinger Nachrichten p. 396 [Minimumpotential bei dünnen Drähten. 1878].

Rosa und Smith. Phil. Mag. (5) 47. p. 19 [Verluste in Kondensatoren. 1899].

Rosenberg. Zeitschr. f. d. phys. und chemischen Unterricht. 1. p. 29 [Versuche mit Leidener Flaschen. 1900].

Rothmund und Lessing. Ann. d. Physik (4) 15. p. 193 [Versuche mit dem elektrolytischen Wellendetektor. 1904].

Rowe. Electrical World vom 25. 3. 1905 [Apparat zum Analysieren von Wellen, die sich aus mehreren harmonischen zusammensetzen].

le Royer und van Berchem. Genève. Arch. des sciences [Messung der Wellenlänge durch die Widerstandsveränderung metallener Feilspäne. 1894].

le Royer und van Berchem. Beiblätter 19. p. 93 [Benutzung des Kohärers zur Messung der Wellenlänge. 1895].

Rubens. Ann. d. Phys. 11. p. 873 [Die Beziehungen des Reflexions- und Emissionsvermögens der Metalle zu ihrem elektrischen Leitvermögen. 1903].

Ruhmer, D. R. P. No. 142 871 [Strahlenempfindliche Zelle zur Bestimmung der Intensität von Röntgen- oder ähnlichen kurzwelligen Strahlen. 1. 10. 1902].

Ruhmer. D. R. P. No. 146 262 [Verfahren zur Herstellung lichtempfindlicher Selenzellen mit bifilar um den Träger gewickelten Metalldrähten. 12. 10. 1902].

Ruhmer. D. R. P. No. 147 113 [Verfahren zur Herstellung lichtempfindlicher Zellen. 30. 4. 1903].

Rupp. ETZ 19. p. 237 [Entfrittung des Kohärers durch das Uhrwerk des Morseschreibers. 1898].

Rutherford. Proc. Roy. Soc. 60. p. 184 [Elektromagnetischer Wellendetektor. 1897].

Rutherford. Phil. Trans. 189. p. 1 [Entmagnetisierung durch schnelle elektrische Schwingungen. 1897].

Rutherford. Engl. Pat. No. 30846 [Magnetischer Detektor. 1897].

Rutherford. Engl. Pat. No. 14829 [Magnetischer Detektor. 1902].

Rutherford. Electrician vom 26. 9. 1902 [Effect of Hertzian waves on magnetism].

Rutherford. Electrician vom 12. 6. 1903 [Magnetisierungserscheinungen und schnelle Schwingungen].

Rutherford. The illustrated Scientific News vom August 1903 [Magnetisierung und Entmagnetisierung durch schnelle Schwingungen].

Sachs. Diss. Gießen 1905 [Untersuchungen über den Einfluß der Erde bei der drahtlosen Telegraphie].

Salvioni. Nuovo Cim. (4) 6. p. 291 [Erforderliche E. M. K. beim Übergang eines Stromes zwischen zwei sehr benachbarten Platinkugeln. 1897].

Salvioni. Acad. Perugia. 9. p. 3 [1897]; ETZ 19. p. 144 [Über den Durchgang der Elektrizität durch sehr kleine Zwischenräume. 1898].

Sarasin und de la Rive. Genève. Arch. d. sciences. 23. p. 113 [Multiple Resonanz. 1890].

Sarasin und de la Rive. Genève. Arch. d. sciences 29. p. 358 [Wellen an Drähten. 1892].

Savary. Ann. de chim. et de phys. 5. p. 34 [1826]; Pogg. Annalen 8. p. 352 [1826]; Pogg. Annalen 9. p. 443 [1826]; Pogg. Annalen 10. p. 37 [Magnetisierung von Stahlnadeln durch schnelle elektrische Schwingungen. 1827].

Scepanik. D. R. P. No. 138 226 [Einrichtung zur Umwandlung schwacher Membranschwingungen in kräftige Stromschwankungen. 10. 5. 1901].

Schäfer, Renz und Lippold. Engl. Pat. No. 813 [Antennen für gerichtete Telegraphie. 24. 6. 1899].

Schäfer, Renz und Lippold. D. R. P. No. 121 663 [Empfangsapparat für elektrische Wellen. 31. 5. 1899].

Schäfer, B. D. R. P. No. 130 797 [Durch Widerstandsvergrößerung wirkender Empfänger, bestehend aus einem Spalt in Metallbelag. 30. 8. 1900].

Schäfer. ETZ 21. p. 84 [Wellentelegraphie, System Schäfer. 1900].

Scharf. D. R. P. No. 141 909 [Verfahren zum Erzeugen elektrischer Schwingungen mit Hilfe mehrfacher Transformation. 22. 2. 1902].

Schaufelberger. Diss. Zürich 1898 [Über Polarisation und Hysteresis in dielektrischen Medien].

Schaufelberger. Wied. Ann. 67. p. 307 [1899]; 65. p. 635 [Methode zur Bestimmung der Verluste in Kondensatoren. 1898].

Schaum und Schulze. Ann. d. Phys. 13. p. 422 [Zur Demonstration elektrischer Drahtwellen. 1904].

Schiller. Pogg. Ann. 152. p. 535 [Einige experimentelle Untersuchungen über elektrische Schwingungen. 1874].

Schirmeisen. Naturwissenschaftliche Rundschau. 14. p. 348 [Zur Theorie des Kohärers. 1899].

Schlabach. Phys. Zeitschr. 2. p. 384 [Referat über den Standpunkt der Kohärerfrage. 1901].

Schlabach. Beilage zu dem Jahresbericht der Städtischen Realschule an der Prinz Georgstraße zu Düsseldorf. Ostern 1901 [Über den elektrischen Leitungswiderstand loser Kontakte].

Schlömilch. ETZ 24. p. 959 [Ein neuer Wellendetektor für drahtlose Telegraphie. 1903].

Schmidt. Ann. d. Phys. 14. p. 22 [Resonanz elektrischer Schwingungen. 1904].

Schneider. D. R. P. No. 138 277 [Fritter. 25. 1. 1902].

Schneider. D. R. P. No. 139 229 [Füllungsmasse für Fritter. 28. 3. 1902].
Schneider. D. R. P. No. 136 843 [Fritter. 3. 5. 1902].
Schneider. Engl. Pat. No. 28 102 [Kohärer. 19. 12. 1902].
Schniewindt. ETZ 25. p. 236 [Fritter für drahtlose Telegraphie. 1904].
Schuckert. D. R. P. No. 119 186 [Frittröhre mit einer durch Einwirkung eines magnetischen Feldes verstärkten Wirkung. 22. 5. 1900].
Schuckert. D. R. P. No. 121 070 [Hochfrequenztransformator. 1. 11. 1900].
Schuster. Phil. Mag. (5) 177. p. 192 [Berechnung von Durchschlagsspannungen bei Funkenentladungen. 1890].
Seddig. Ann. d. Phys. 11. p. 815 [Darstellung des Verlaufes der elektrischen Kraftlinien und ihrer Richtungsänderung durch Dielektrika. 1903].
Seefehlner. Optische Methode für Wechselstromuntersuchungen. Wien 1900.
Seiler. Wied. Ann. 61. p. 30 [Untersuchung elektrischer Oszillationen. 1897].
Seibt. D. R. P. No. 144 176 [Schleifengeber für Telegraphie mittels Hertzscher Wellen. 2. 4. 1902].
Seibt. D. R. P. No. 144 474 [Resonator für elektrische Wellen auf den Empfangsstationen für Wellentelegraphie. 17. 4. 1902].
Seibt. D. R. P. No. 139 580 [Resonanzinduktorium. 16. 7. 1902].
Seibt. D. R. P. No. 157 427 [Einrichtungen zum Schutze gegen Überspannungen. 31. 10. 1903].
Seibt. Diss. Rostock 1902; ETZ 23. p. 315, p. 341, p. 365, p. 386, p. 409 [Elektrische Drahtwellen mit Berücksichtigung der Marconischen Wellentelegraphie. 1902].
Seibt. Phys. Zeitschr. 4. p. 99 [Versuche mit Spulen. 1902].
Seibt. ETZ 24. p. 105 [Demonstrationsversuche mit Schwingungen von Spulen. 1903].
Seibt. ETZ 25. p. 276 [Über Resonanzinduktorien und ihre Verwendung in der drahtlosen Telegraphie. 1904].
Seibt. ETZ 25. p. 1111 [Läßt sich in der drahtlosen Telegraphie der Empfänger auf die beiden Wellen des Senders abstimmen? 1904].
Seibt. Phys. Zeitschr. 5. p. 452 [Über den Zusammenhang zwischen dem direkt und dem induktiv gekoppelten Sendersystem für drahtlose Telegraphie. 1904].
Seitz. Ann. d. Phys. 16. p. 746 [Die Wirkung eines unendlich langen Metallzylinders auf Hertzsche Wellen. 1905].
Sellner. D. R. P. No. 81 144 [Einrichtung zum Signalisieren mittels Lichtquellen].
Shaw. Phil. Mag. (6) 1. p. 265 [Widerstand an der Berührungsstelle zweier sich kreuzender Drähte. 1901].
Shoemaker. Amerik. Pat. No. 700 250 [Verbesserungen des Systems Shoemaker. 31. 7. 1901].
Shoemaker. Amerik. Pat. No. 754 904 [Abgestimmte drahtlose Telegraphie. 11. 6. 1902].

Shoemaker. Amerik. Patent No. 717 774 [Oszillator. 10. 11. 1902].

Siemens. Monatsberichte der Berliner Akademie. Oktober 1861 [Über Erwärmung der Glaswand von Leidenerflaschen bei Ladung und Entladung].

Siemens. Wied. Annalen 10. p. 560 [Über die Abhängigkeit der elektrischen Leitfähigkeit der Metalle von der Temperatur. 1880].

Silberstein-Pollack-Virag. D. R. P. No. 115 203 [Verfahren zur Fernübertragung von graphischen Zeichen mittels Selenzellen. 24. 7. 1898].

Simon. Göttinger Nachrichten. 1899. p. 183 [Funkenentladung].

Simon und Reich. D. R. P. No. 146 764 [Sendersystem für drahtlose Telegraphie und Telephonie mit ungedämpften elektrischen Schwingungen. 8. 10. 1902].

Simon und Reich. D. R. P. No. 153 792 [Verfahren zur Erzeugung elektrischer Schwingungen für Zwecke der drahtlosen Telegraphie und Telephonie. 18. 1. 1903].

Simon und Reich. D. R. P. No. 147 802 [Empfangssystem für drahtlose Telegraphie und Telephonie mit ungedämpften elektrischen Schwingungen. 1. 3. 1903].

Simon und Reich. D. R. P. No. 156 364 [Einrichtung zur Erzeugung elektrischer Schwingungen. 26. 3. 1903].

Simon und Reich. Phys. Zeitschr. 4. p. 364 [1903]; 4. p. 737 [Erzeugung ungedämpfter Schwingungen mit Lichtbogenanordnuug. 1903].

Simons. Diss. Berlin 1903 [Über die elektrische Entladung zwischen dünnen Drähten und koachsialen Zylinderflächen.]

Simons. Ann. d. Phys. (4) 13. p. 1044 [Dämpfung elektrischer Schwingungen durch die Funkenstrecke. 1904].

Simpson. Phys. Zeitschr. 5. p. 734 [Über das normale elektrische Feld der Erde. 1904].

Slaby. Die Funkentelegraphie. Berlin. 1. Aufl. 1897. 2. Aufl. 1901.

Slaby. ETZ 22. p. 38, p. 82 [Abgestimmte und mehrfache Funkentelegraphie. 1901].

Slaby. ETZ 23. p. 165, p. 254 [Demonstration von Spannungs- und Strombauch an mit der Funkenstrecke verbundenen Drähten. Wissenschaftliche Grundlagen der Funkentelegraphie. 1902].

Slaby. ETZ 24. p. 1007 [Der Multiplikationsstab, ein Wellenmesser für drahtlose Telegraphie. 1903].

Slaby. ETZ 25. p. 711, p. 777, p. 915, p. 1085 [Die Abstimmung funkentelegraphischer Sender. 1904].

Slaby-Arco. D. R. P. No. 124 154 [Schaltungsweise der Gebe- und Empfangsstation für Funkentelegraphie mit vertikalem Luftleiter. 23. 12. 1898].

Slaby-Arco. D. R. P. No. 113 285 [Schaltung am Empfänger für Funkentelegraphie. 25. 4. 1899].

Slaby-Arco. D. R. P. No. 133 718 [Eine durch Kondensator geschlossene, an Erde liegende Sendeschleife. 4. 11. 1899].

Slaby-Arco. D. R. P. No. 116 071 [Empfangsapparat f. Funkentelegraphie. 9. 2. 1900].

Slaby-Arco. D. R. P. No. 124 645 [Empfangsapparat für Funkentelegraphie mit gemeinsamer Stromquelle für Morse und Fritter. 9. 2. 1900].

Slaby-Arco. D. R. P. No. 127 730 [Empfänger für Funkentelegraphie. 10. 11. 1900].

Slaby-Arco. D. R. P. No. 131 586 [Schaltung des Empfangsdrahtes für Funkentelegraphie zur Benutzung geerdeter Vertikalleiter. Zus. 10. 11. 1900].

Slaby-Arco. D. R. P. No. 131 584 [Schaltung des Empfangsdrahtes für Funkentelegraphie zur Benutzung geerdeter Vertikalleiter. Zus. 10. 11. 1900].

Slaby-Arco. D. R. P. No. 129 892 [Schaltung des Empfängers für Funkentelegraphie. 16. 10. 1900].

Slaby-Acro. D. R. P. No. 129 017 [Morsetaster für Funkentelegraphie. 19. 4. 1901].

Slaby-Arco. D. R. P. No. 130 723 [Schaltung des Sende- und Empfangsdrahtes für Funkentelegraphie. 17. 10. 1900].

Slaby-Arco. D. R. P. No. 130 122 [Empfänger für Funkentelegraphie. 13. 12. 1900].

Slaby-Arco. Engl. Pat. No. 23 155 [18. 12. 1900]; Französisch. Pat. No. 306 330 [17. 12. 1900]; Russ. Pat. A. No. 12 817 [9. 12. 1900]; Amerikan. Pat. No. 750 496 [9. 4. 1901]; Italien. Pat. No. $\frac{39/58\,013}{135/208}$ [17. 12. 1900]; Belg. Pat. No. 153 803 [18. 12. 1900]; Norweg. Pat. No. 11 845 [12. 12. 1900]; Österreich. Pat. No. 10 719 [11. 12. 1900]; Schwedisches Pat. No. 14 102 [10. 12. 1900]: Neuerung in der Einrichtung für drahtlose Ein- und Mehrfachtelegraphie.

Slaby-Arco. D. R. P. No. 131 585 [Schaltung des Empfangsdrahtes für Funkentelegraphie. Zus. 7. 2. 1901].

Slaby-Arco. D. R. P. No. 126 273 [Schaltung des über eine Funkenstrecke geerdeten Gebers für Funkentelegraphie unter Benutzung eines Hilfsschwingungskreises zur Ladung. 28. 2. 1901].

Slaby-Arco. D. R. P. No. 128 102 [Bei Bestrahlung durch elektrische Wellen den Widerstand ändernde Berührungsstelle. 28. 3. 1901].

Slaby-Arco. D. R. P. No. 132 108 [Schaltungsweise des Mikrophonempfängers bei abgstimmten funkentelegraphischen Stationen. 26. 4. 1901].

Slaby-Arco. D. R. P. No. 132 109 [Schaltungsweise des Mikrophonempfängers bei abgestimmten funkentelegraphischen Stationen. Zus. 12. 7. 1901].

Slaby-Arco. Engl. Pat. No. 15522 [31. 7. 1901]; Russ. Pat. A. No. 14807 [23. 7. 1901]; Amerikan. Pat. No. 785276 [27. 9. 1901]; Belg. Pat. No. 157943 [1. 8. 1901]; Norweg. Pat. No. 11359 [1. 8. 1901]; Österr. Pat. A. No. 22363 [1. 8. 1901]; Schwed. Pat. No. 14729 [19. 10. 1901]; Italien. Pat. No. $\frac{41/60706}{146/15}$ [5. 8. 1901]: System der Funkentegraphie zur Benutzung von abgestimmten Mikrophonempfängern.

Slaby-Arco. D. R. P. No. 138144 [Verfahren zum Abstimmen verschiedener funkentelegraphischer Stationen auf ein und dieselbe Wellenlänge. 1. 1. 1902].

Slaby-Arco. D. R. P. No. 137456 [Schaltungsweise des Linien- und Ortsstromkreises eines polarisierten Relais. 5. 3. 1902].

Slaby-Arco. D. R. P. No. 134781 [Abstimmspulen für Funkentelegraphie mit veränderlicher Windungszahl. 13. 3. 1902].

Slaby-Arco. D. R. P. No. 149458 [Schaltungsweise funkentelegraphischer Empfänger. 1. 1. 1903].

Slaby-Arco. D. R. P. No. 143301 [Verfahren zum Abstimmen verschiedener funkentelegraphischer Stationen auf ein und dieselbe Wellenlänge. 1. 1. 1902].

Slaby-Arco. D. R. P. No. 143516 [Veränderlicher Kondensator. 17. 1. 1903].

Slaby-Arco. D. R. P. No. 147359 [Brückenschaltung und Differentialspule. 25. 2. 1903.

Slaby-Arco. D. R. P. No. 150149 [Verfahren zum Empfangen elektrischer Schwingungen mittels elektrolytischer Zelle. 13. 3. 1903].

Smith. Journ. of the Inst. of El. Engineers v. 8. 11. 1883 [Induktionstelegraphie bei fahrenden Zügen].

Smith. Naturwiss. Rundschau. 60. p. 436 [Empfänger für Hertzsche Wellen. 1899].

Snook. Amerikan. Pat. No. 768778 [Drahtlose Telegraphie. Kohleempfänger. 23. 10. 1902].

Société franç. des Télégraphes et Téléphones s. F. D. R. P. No. 140871 [Empfänger für elektrische Wellen. 11. 2. 1902].

Société franç. des Télégraphes et Téléphones s. F. D. R. P. No. 141458 [Empfänger für elektrische Wellen. Zus. 2. 8. 1902].

Sommerfeld. Wied. Ann. 67. p. 240 [Gedämpfte Sinusschwingungen in der Wellentelegraphie. 1899].

Sommerfeld. Annalen d. Phys. 15. p. 673 [Über das Wechselfeld und den Wechselstromwiderstand von Spulen und Rollen. 1904].

Spies. Diss. Kiel 1896 [Über die Wärmewirkung des ungeschlossenen Hochfrequenzstromes].

Spies. D. R. P. No. 100588 [Ruhestromschaltung für drahtlose Telegraphie mittels Fritter. 22. 9. 1897].

Spies. Telegraphie ohne Draht. Berlin 1898.

Squier. ETZ 26. p. 121 [System der drahtlosen Telegraphie. 1905].

Squier. Electrical World and Engineer v. 17. 6. 1905 [Lebende Bäume als Antennen].

Stark. Elektrizität in Gasen. Leipzig 1902.

Stark. Phys. Zeitschr. 3. p. 507 [Entladungspotential. Kritik der Earhartschen Versuche. 1902].

Starke. Wied. Ann. 66. p. 1009 [Verzögerung bei Funkenentladungen. 1898].

Stefan. Wied. Ann. 22. p. 107 [Selbstinduktion von Spulen. 1884].

Stefan. Wien. Berichte 95. 2. Abteilung. p. 917 [Über veränderliche elektrische Ströme in dicken Leitungsdrähten. 1887].

Stefan. Wied. Ann. 41. p. 400 [Widerstand bei hohen Schwingungszahlen. 1890].

Stefan. Wied. Ann. 64. p. 290 [Hochfrequenzströme und deren Einfluß. 1898].

Steinheil. Über Telegraphie, insbesondere durch galvanische Kräfte. München 1838.

Steinmetz. Trans. of the am. Inst. of el. eng. 3. p. 8 [Untersuchung über die Magnetisierung in schnell veränderlichen Feldern. 1892].

Steinmetz. ETZ 13. p. 227 [1892]; ETZ 16. p. 623 [Verluste in Kondensatoren. 1895].

Steinmetz. Theorie und Berechnung der Wechselstromerscheinungen. Berlin 1900.

Steinmetz. ETZ 22. p. 605 [Verluste in Kondensatoren. 1901].

Stevenson. Journal of the Inst. of el. Engineers 137. p. 951 [Bemessung von Spulen zur Induktionstelegraphie. 1892].

Stevenson. The Engineer (24) 3 [Telegraphie mit horizontal auf dem Erdboden befestigten Spulen. 1892].

Stone-Stone. Engl. Pat. No. 28 550 [Empfänger. 24. 12. 1902].

Stone-Stone. Engl. Pat. No. 28 551 [Antenne mit großer Ladefähigkeit. 24. 12. 1902].

Stone-Stone. Engl. Pat. No. 28 521 [Abgestimmte Telegraphie. 24. 12. 1902].

Stone-Stone. Engl. Pat. No. 28 515 [Korrespondierende Sender und Empfänger. 24. 12. 1902].

Stone-Stone. Engl. Pat. No. 28 552 [Abstimmung durch Antennen mit Dielektriken. 27. 12. 1902].

Stone-Stone. Engl. Pat. No. 28 509 [Mehrere in einer Ebene liegende Antennen. 24. 12. 1902].

Stone-Stone. Engl. Pat. No. 28 549 [Automatische Umstellung von Geber auf Empfang. 24. 12. 1902].

Stone-Stone. Engl. Pat. No. 8507 [Anwendung einfacher harmonischer Wellen zur drahtlosen Telegraphie. 14. 4. 1903].

Stone-Stone. Engl. Pat. No. 8508 [Apparat zur Erzeugung von Wellen von verschiedener Frequenz. 14. 4. 1903].

Stone-Stone. Engl. Pat. No. 8509 [Abstimmung und einfache harmonische Wellen. 14. 4. 1903].

Stone-Stone. Electrician 52. p. 332 [Mehrfache Transformation zur Herstellung hoher Spannungen. 1903].

Stone-Stone. ETZ 25. p. 890 [Neuerungen auf dem Gebiete der drahtlosen Telegraphie System Stone-Stone. 1904].

Strasser. Ann. d. Phys. 17. p. 763 [Über die Bestimmung des Selbstinduktionskoeffizienten von Solenoiden. 1905].

Strecker. ETZ 17. p. 106 [Drahtlose Telegraphie durch Leitung in Erde. 1896].

Strecker. ETZ 19. p. 645 [Versuche mit Marconischer Telegraphie. 1898].

Streintz. Wiener Sitzungsberichte 109. p. 221 [1900]; Annalen d. Physik 3. p. 1 [Die elektrische Leitfähigkeit von gepreßten Pulvern. 1900].

Strutt. Proc. Roy. Soc. 65. p. 446 [1900]; Phil. Trans. 193. p. 377 [Elektrische Funkenentladung. 1900].

Sundell. Acta Soc. Scient. Fenn. 24. p. 7 [Oszillatorische Entladung. 1899].

Sundell und Tallquist. Ann. d. Phys. 4. p. 72 [Über das Dämpfungsdekrement elektrischer Schwingungen bei der Ladung von Kondensatoren. 1901].

Sundorph. Wied. Ann. 69. p. 319 [Untersuchung von mit Bleidioxyd gefüllten Kohärern. 1899].

Sundorph. Wied. Ann. 68. p. 549 [Einwirkung eines Magneten auf eine mit Nickel- oder Eisenspänen gefüllte Feilichtröhre. 1899].

Svenson. Amerikan. Pat. No. 745 463 [Kohle-Telephon-Kohärer. 23. 12. 1902].

Swyngedauw. Journ. de phys. 9. p. 487. 1900. Rapports présentés au Congrès Internat. de Physique a Paris en 1900. Bd. 3. [Über elektrische Funkenentladung. 1900.]

Tallquist. Wied. Ann. 60. p. 248 [Untersuchungen elektrischer Oszillationen. 1897].

Tallquist. Acta Soc. Scient. Flun. 23 (4). p. 33, p. 79 [1897]; 26 (3). p. 33 [Oszillatorische Entladung. 1899].

Tallquist. Ann. d. Phys. 9. p. 1083 [Über die oszillatorische Entladung eines Kondensators bei größerem Werte des Widerstandes des Stromkreises. 1902].

Tamm. Ann. d. Phys. 6. p. 259 [Gasschichten und Spitzenentladung. 1901].

Tanakadate. Phil. Mag. (5) 28. p. 207 [Magnetisierungsuntersuchungen in schnell veränderlichen Feldern. 1889].

Taylor. ETZ 24. p. 717 [Einkontaktiger Kohärer. 1903].

Telefunken. D. R. P. No. 160987 [Platten für Funkentelegraphie. 26. 11. 1901].

Telefunken. D. R. P. No. 160990 [Verfahren zur Erzeugung wenig gedämpfter, schneller elektrischer Schwingungen. 18. 4. 1903].

Telefunken. D. R. P. No. 157483 [Vorrichtung zum Nachweisen schneller elektrischer Schwingungen. 1. 12. 1903].

Telefunken. Engl. Pat. No. 18098 [Detektoranordnung. 20. 8. 1904].

Telefunken. Franz. Pat. No. 345770 [Detektoranordnung. 23. 8. 1904].

Telefunken. Amerik. Pat. Ser. No. 226139 [Detektoranordnung. 27. 9. 1904].

Telefunken. Engl. Pat. No. 20804 [Kleine Kapazitäten. 27. 9. 1904].

Telefunken. Amerik. Pat. No. 231361 [Kleine Kapazitäten. 4. 11. 1904].

Telefunken. Engl. Pat. C. No. 5455 [Ringförmige Funkenstrecke. 15. 3. 1905].

Telefunken. Franz. Pat. No. 353120 [Ringförmige Funkenstrecke. 7. 4. 1905].

Telefunken. Russ. Sch. Sch. No. 26273 [Ringförmige Funkenstrecke. 5./18. 3. 1905].

Telefunken. Amerik. Ser. No. 256290 [Ringförmige Funkenstrecke. 18. 4. 1905].

Telefunken. Engl. Pat. C. No. 5456 [Kondensator parallel zur Zelle. 15. 3. 1905].

Telefunken. Amerik. Pat. S. No. 256290 [Kondensator parallel zur Zelle. 18. 4. 1905].

Tesla. Martin, les inventions of N. Tesla [Resonanzwirkung abgestimmter Spulen. 1893].

Tesla. Untersuchungen über Mehrphasenströme. Halle 1895.

Tesla. D. R. P. No. 93255 [Stromkreisregler für die Umwandlung von geringer Wechselzahl in solche von hoher Wechselzahl mittels Kondensator. 22. 9. 1896].

Tesla. D. R. P. No. 109865 [Stromunterbrecher mit flüssigem Leiter. 19. 6. 1898].

Tesla. D. R. P. No. 110049 [Stromunterbrecher mit flüssigem Leiter. 19. 6. 1898].

Tesla. D. R. P. No. 110050 [Stromunterbrecher mit flüssigem Leiter. 19. 6. 1898].

Tesla. D. R. P. No. 136841 [Verfahren zur Erzeugung elektrischer Schwingungen. 10. 7. 1901].

Tesla. D. R. P. No. 139464 [Verfahren und Vorrichtung zur Nutzbarmachung von aus der Ferne durch den Äther oder die Erde oder beide gesandten Impulsen oder Schwingungen. 20. 6. 1901].

Tesla. D. R. P. No. 139465 [Verfahren und Vorrichtung zur Nutzbarmachung von aus der Ferne durch den Äther oder die Erde oder beide gesandten Impulsen oder Schwingungen. 20. 6. 1901].

Tesla. D. R. P. No. 139466 [Verfahren und Vorrichtung zur Nutzbarmachung von aus der Ferne durch den Äther oder die Erde oder beide gesandten Impulsen oder Schwingungen. 20. 6. 1901].

Tesla. D. R. P. No. 143453 [Verfahren und Vorrichtung zur sicheren Übertragung einer Nachricht auf eine bestimmte Entfernung mittels elektrischer Impulse oder Schwingungen verschiedener Beschaffenheit. 23. 7. 1901].

Tesla. Engl. Pat. No. 24421 [Transformator. 21. 10. 1897].

Tesla. ETZ 24. p. 608 [Abgestimmte Funkentelegraphie. 1903].

Tesla. ETZ 24. p. 831 [Eine neue Art der Erzeugung elektrischer Wellen für Funkentelegraphie. 1903].

Thompson. Engl. Pat. No. 16550 [Anordnung für drahtlose Telegraphie. 25. 7. 1902].

Thompson. Electrician v. 18. 5. 1905 [Methode zum Analysieren von Wellen, in denen höhere harmonische Wellen erscheinen].

Thomson, El. Novel phenomena of alternating currents. El. World. v. 28. 5. 1887.

Thomson, El. Electrician 33. p. 304 [Hertzsche Wellen im Laboratorium. 1894].

Thomson, J. J. Phil. Mag. 32. p. 445 [Wellenenergieabsorption von mit Eisen gefüllten Spulen. 1891].

Thomson, J. J. Recent Researches. Oxford 1893. p. 289 [Antennenwirkung, Evakuierte Röhren etc. 1893].

Thomson, J. J. Phil. Mag. (5) 32. p. 321, p. 445 [Spulenuntersuchungen mittels evakuierter Röhren. 1893].

Thomson, J. J. Proc. Roy. Soc. 58. p. 244 [Entladung in Gasgemischen. 1895].

Thomson, J. J. Phil. Mag. (5) 50. p. 279 [Ionentheorie. 1900].

Thomson, W. Phil. Mag. (4) 5. p. 239 [1853]; Math. a. phys. papers of Sir W. Thomson 1. p. 540 [Erklärung der oszillatorischen Entladung. 1882].

Tietz. ETZ 19. p. 562 [Versuche über Syntonie zwischen Geber und Empfänger. 1898].

Tissot. Compt. rend. 130. p. 902, p. 1386 [Untersuchungen von Kohärern im Magnetfelde. 1900].

Tissot-Turpain. Les applications des ondes électriques. Paris 1901.

Tissot. Journ. d. Phys. (4) 3. p. 524 [1904]; Compt. rend. 137. p. 846 [Bolometer als Wellendetektor. 1903].

Tommasi. Compt. rend. 130. p. 1307 [Mehrfache Telegraphie mittels zweier Oszillatoren. 1900].

Tommasina. Compt. rend. 127. p. 1014 [1898]; 129. p. 40 [Kohärer mit Kohleelektroden und Kohlepulver. 1899].

Tommasina. Compt. rend. 128. p. 666 [Über einen sehr empfindlichen Kohlekohärer. 1899].

Tommasina. Compt. rend. 128. p. 1092 [Über die Erzeugung elektrolytischer Ketten. 1899].

Tommasina. Nuovo Cim. 10. p. 223 [Über die Natur und Ursache der Kohärererscheinung. 1899].

Tommasina. Compt. rend. 128. p. 1225 [1899]; Nuovo Cim. 10. p. 283 [Über die Anwendung der magnetischen Wirkung beim Kohärer. 1899].

Tommasina. Compt. rend. 130. p. 904 [1900]; Genèv. Arch. des sciences [Über die Selbsteinstellung der Kohlekohärer. 1900].

Tommasina. ETZ 21. p. 492 [Selbstentfrittende Frittröhre. Kohlefritter. 1900].

Tommasina. Genèv. Arch. des sciences (4) 11. p. 557 [Kettenanordnung der Metallspäne in einem bestrahlten Kohärer. 1901].

Trelfall. Physical Review 4. p. 454 [1896]; 5. p. 21, p. 65 [Dielektrische Hysteresis und Potential. 1897].

Trouton. Nature 45. p. 42 [Kohärenzphänomen. 1891].

Trowbridge. Silliman Am. Journ. (5) 42. p. 223 [Dämpfungsmessungen. 1891].

Trowbridge. Phil. Mag. 32. p. 504 [Dämpfung der Leidenerflaschenentladung durch Eisendrähte. 1891].

Trowbridge und Duane. Phil. Mag. (5) 40. p. 211 [Nachweis der Eigenschwingung von Kondensatorkreisen mit dem Spiegel. 1895].

Trowbridge. Amerik. Journ. of Sc. (4) 8. p. 199 [Widerstandsverminderung und E.M.K. eines Kohärers. 1899].

Trowbridge. Electrician 43. p. 759 [Quantitative Forschungen am Kohärer. 1899].

Troy. Amerik. Pat. No. 773171 [Vakuumdetektor. 8. 4. 1904].

Tuma. Zeitschr. f. Elektrotechnik v. 23. 1. 1898 [Untersuchung der Rhigischen Resonanzröhre].

Tunzelmann. Wireless Telegraphy. London 1901.

Turpain. Soc. des Sc. de Bordeaux [Telephon-Demonstrations-Resonanzapparat. 1894. 1897].

Turpain. Ass. Franç. pour l'avancement des Sciences, Congrès de Paris 1900 [Magnetischer Körnerfritter].

Turpain. Eclair. él. 29. p. 156 [Verbesserter Foucault-Unterbrecher. 1901].

Turpain. Les ondes électriques. 1. Aufl. 1900. 2. Aufl. 1902.

Turpain. Les applications des ondes électriques. Paris 1902.

Uller. Diss. Rostock 1903 [Beiträge zur Theorie der elektromagnetischen Strahlung].

Varicas. D. R. P. No. 121 376 [Verfahren zum Steuern von Fahrzeugen mit Hilfe Hertzscher Wellen. 24. 12. 1898].

Varley. British Assoc. [1870]; Meeting Liverpool, Anhang. p. 28 [Über die Wirkung des Blitzes auf Telegraphendrähte. 1870].

Varley. Diss. Straßburg 1901 [Induzierter Magnetismus im Eisen durch elektrische Oszillationen. 1901].

Varley. Phil. Mag. (6) 3. p. 500 [Verhalten von weichem Eisen bei schnellen Schwingungen. 1902].

Veillon. Wied. Ann. 58. p. 311 [Magnetisierung durch Funkenentladung. 1896].

Veillon. Arch. des Sciences. Oktober 1898 [Vergleichsmessung an gewöhnlichen und Klingelfußschen Hochspannungstransformatoren].

Veillon. Genève. Arch. des Sciences 5. p. 416 [Versuche mit dem Kohärer. 1898].

Vincentini. Lumière él. 49. p. 281 [Gasschicht an Metallkörpern. 1893].

Vincentini. Atti dell'Ist. Veneto. 7. p. 228 [Bewegung in Flüssigkeitskohärern. 1896].

Vincentini. Naturwissenschaftliche Rundschau 11. p. 383 [Das Verhalten diskontinuierlicher Leiter unter elektrischen Einflüssen. 1896].

Voege. Ann. d. Phys. 14. p. 556 [Über den Zusammenhang zwischen Schlagweite und Spannung. 1904].

Voege. Phys. Zeitschr. p. 273 [Über den Einfluß fremder Ionen auf die Funkenentladung. 1905].

Voisenat. Eclairage él. 14. p. 166, p. 302 [Geschichte der Telegraphie ohne Draht. 1898].

Voisenat. Eclairage él. 19. p. 23, p. 52 [Die Telegraphie ohne Draht. 1899].

Voller. Phys. Zeitschr. 4. p. 410 [Geerdete und ungeerdete Sender und Empfangsspulen. 1903].

Voller. Phys. Zeitschr. 4. p. 664 [Erdung des Senders und Empfängers. 1903].

Voller. Grundlagen und Methoden der elektrischen Wellentelegraphie. Hamburg 1903.

Vreeland. Maxwell's Theorie and Wireless Telegraphy. New York 1905.

v. Waltenhofen. Dinglers polyt. Journ. 7. 179. p. 435 [Durchschlagsfestigkeit von Dielektriken. 1866].

Walter. D. R. P. No. 119 268 [Vorrichtung zum Bewegen entfernter Mechanismen mittels Hertzscher Wellen. 23. 2. 1899].

Walter. Amerikan. Pat. No. 643 018 [Apparat für Mehrfachtelegraphie. 6. 2. 1900].

Walter-Ewing. D. R. P. No. 148540 [Verfahren und Vorrichtung zum Auffangen elektrischer Schwingungen. 14. 5. 1903].

Walter. Ann. d. Phys. 14. p. 106 [Über die Stefansche Theorie starker magnetischer Felder. 1904].

Walter. Ann. d. Phys. 15. p. 407 [Über die Erzeugung sehr hoher Spannungen durch Wechselströme. 1904].

Walter. Phys. Zeitschr. 5. p. 269 [Ein neuer messender Detektor für elektrische Wellen. 1904].

Warburg und Hönig. Wied. Ann. 20. p. 814 [Magnetisierung in veränderlichen Feldern. 1883].

Warburg. Wied. Ann. 59. p. 1 [Funkenentladung. 1896].

Warburg. Verhandl. d. phys. Gesellsch. 15. p. 212 [Funkenentladungen. 1896].

Warburg. Wied. Ann. 62. p. 85 [Funkenpotentialuntersuchungen. 1897].

Warburg. Verhandl. d. phys. Gesellsch. 17. p. 92 [Funkenentladung. 1898].

Warburg. Ann. d. Phys. (4) 2. p. 295 [Kathodengefälle und Spitzenentladung. 1900].

Warburg. Ann. d. Phys. 5. p. 811 [Funkenentladung. 1901].

Wehnelt. Wied. Ann. 68. p. 265 [Unterbrecher mit regulierbarer Elektrode. 1899].

Wehnelt-Donath. Wied. Ann. 69. p. 861 [Untersuchung von Schwingungskreisen mit der Braunschen Röhre. 1899].

Wehnelt. Verhandl. der phys. Gesellsch. 5. p. 29 [Versuche mit der Braunschen Röhre. 1903].

Weber. Ann. d. Phys. 9. p. 899 [Untersuchungen stehender Wellen mit dem Kohärer. 1902].

Weihe. Wied. Ann. 61. p. 578 [Magnetisierung in schnell veränderlichen Feldern. 1897].

Weiler. Schwingungen und Wellen. Leipzig 1902.

Wertheim-Salomonson. Electrician 52. p. 126 [Ungedämpfte Schwingungen hoher Wechselzahlen. 1903—1904].

Whitehead und Will. The american journal of science Vol. 19. Februar 1905 [Measurement of Self-Inductance].

Wiedemann und Ebert. Wied. Ann. 33. p. 241 [Funkenentladung. 1888].

Wiedemann. Elektrizität 3. 1895.

M. Wien. Wied. Ann. 44. p. 689 [Arbeiten mit Wechselströmen höherer Frequenz. 1891].

Wien, M. Wied. Ann. 49. p. 306 [Wechselströme höherer Frequenz. 1893].

Wien, M. Wied. Ann. 53. p. 935 [Bestimmung von Selbstinduktionskoeffizienten. 1894].

Wien, M. Wied. Ann. 57. p. 255 [1896]; Ann. d. Phys. 4. p. 425 [Arbeiten mit Wechselströmen höherer Frequenz. 1901].

Wien, M. Wied. Ann. 58. p. 553 [Selbstinduktionsnormale. 1896].

Wien, M. Wied. Ann. 61. p. 151 [Gekoppelte Systeme. 1897].

Wien, M. Ann. d. Phys. 4. p. 425 [Wechselstromsirene. 1901].

Wien, M. Ann. d. Phys. 8. p. 686 [Widerstand und Dämpfung von Funkenstrecken. 1902].

Wien, M. Ann. d. Phys. 14. p. 1 [Über den Durchgang von schnellen Wechselströmen durch Drahtrollen. 1904].

Wien, M. Ann. d. Phys. 14. p. 626 [Über induktive Erregung zweier elektrischer Schwingungskreise mit Anwendung auf Perioden- und Dämpfungsmessung, Teslatransformatoren und drahtlose Telegraphie. 1904].

Wien, W. Phys. Zeitschr. 4. p. 586 [Verwendung hoher Wechselzahlen. 1903].

Wien, W. Ann. d. Phys. 15. p. 412 [Poyntingscher Satz und Strahlung. 1904].

Willard und Woodmann. Physical Rev. 18 [Untersuchung der von Righi-Sendern erzeugten Wellen. 1905].

Wilke. Militärwochenblatt 104. p. 2758 [1902]; ETZ 24. p. 40 [Fahrbare Stationen für drahtlose Telegraphie. Braun-Siemens. 1903].

Wilkings. Mining Journal vom 28. 3. 1849 [Drahtlose elektromagnetische Telegraphie mit langsamen Schwingungen].

Williams. D. R. P. No. 149 201 [Verfahren und Einrichtung zur Verstärkung elektrischer Entladungen. 26. 2. 1903].

Wilsing und Schreiner. British Assoc. Rep. p. 1143 [Bolometer als Wellenindikator. 1895].

Wilson. Electrician 49. p. 917 [Magnetic detectors in space Telepraphy. 1902].

Wolff. Wied. Ann. 37. p. 306 [Dielektrische Festigkeit von Gasen. 1889].

Wommelsdorf. Phys. Zeitschr. 5 [Über die Abhängigkeit der Stromstärke, Leistung sowie des Wirkungsgrades der Influenzmaschine vom Entladungspotential. 1904].

Wommelsdorf. Ann. d. Phys. 16. p. 334 [Vereinfachtes Verfahren zur Herstellung vielpoliger Kondensatormaschinen, eine Methode zur Berechnung derselben sowie eine Hochfrequenzkondensatormaschine. 1905].

Wydts und Rochefort. Bull. d. l. Soc. d. Ing. Civ. Nov. 1898 [Hochspannungsisolatoren mit teigiger Isolation].

Wydts und Rochefort. Soc. de Franç. de Phys. 1898 [Wirkung der Erdung von Hochspannungsinduktoren].

Zammarchi. La telegraphia senza fili di G. Marconi. Bergamo 1904.

Zeemann und Cohn. Wied. Ann. 57. p. 15 [Bestimmung von Dielektrizitätskonstanten. 1896].

Z e h n d e r. Wied. Ann. 47. p. 77 [Elektrodenröhre für Resonanzerscheinungen. 1892].

Z e n n e c k. Wied. Ann. 69. p. 838 [Versuche mit der Braunschen Röhre. 1899].

Z e n n e c k. Ann. d. Phys. 9. p. 497 [Über induktiven magnetischen Widerstand. 1902].

Z e n n e c k. Ann. d. Phys. 12. p. 869 [Über die magnetische Permeabilität von Eisenpulver bei schnellen Schwingungen. 1903].

Z e n n e c k. Phys. Zeitschr. 4. p. 656 [1903]; 6. p. 198 [Kopplung zweier Oszillatoren. 1905].

Z e n n e c k. Phys. Zeitschr. 5. p. 196, p. 586 [Theorie und Praxis in der drahtlosen Telegraphie. 1904].

Z e n n e c k. Ann. d. Phys. 13. p. 819 [Objektive Darstellung von Stromkurven mit der Braunschen Röhre. 1904].

Z e n n e c k. Ann. d. Phys. 13. p. 822 [Die Abnahme der Amplitude bei Kondensatorkreisen mit Funkenstrecke. 1904].

Z e n n e c k. Phys. Zeitschr. 5. p. 575, p. 811 [Über den Zusammenhang zwischen dem direkten und dem induktiv gekoppelten Sendersystem für drahtlose Telegraphie. 1904].

Z e n n e c k. Elektromagnetische Schwingungen und drahtlose Telegraphie. Stuttgart 1905.

Z i l l i c h. Zeitschr. f. den phys. u. chem. Unterricht 11. p. 207 [Beiträge zur Funktion und Wirkungsweise des Kohärers. 1898].